THERMAL CONTROL TECHNOLOGY FOR SMART POWER PLANTS

智慧电厂热工控制技术

马增辉 著

中国电力出版社
CHINA ELECTRIC POWER PRESS

内 容 提 要

新型电力系统对燃煤发电机组的运行可靠性和灵活性要求更高，燃煤发电过程面临更多的内、外部不确定性，运行工况更加复杂多样，因此，燃煤发电热工过程的优化控制再次成为学者关注的焦点，也是智慧电厂建设的基础环节。智慧电厂的核心是智能发电技术与信息融合技术，建设高度智能化的智慧型燃煤电厂是适应我国能源转型的必然趋势。

本书对几类典型热工过程的优化控制做了一些探索，包括大滞后及非线性热工过程、非自衡热工过程、非最小相位热工过程、强干扰热工过程（以 SCR 烟气脱硝系统为例），旨在进一步提高火电机组的控制水平，提升火电机组深度调峰和低负荷发电能力。

本书可供从事热工控制、智慧能源建设的工程技术人员，控制科学与工程领域的学生、学者、科研人员阅读、参考，并恳请交流、指正。

图书在版编目（CIP）数据

智慧电厂热工控制技术 / 马增辉著. -- 北京：中国电力出版社，2024. 8. --ISBN 978-7-5198-9028-5

Ⅰ. TM621.4

中国国家版本馆 CIP 数据核字第 2024ZR7126 号

出版发行：中国电力出版社
地　　址：北京市东城区北京站西街 19 号（邮政编码 100005）
网　　址：http://www.cepp.sgcc.com.cn
责任编辑：孙　芳（010-63412381）
责任校对：黄　蓓　朱丽芳
装帧设计：王红柳
责任印制：吴　迪

印　　刷：三河市万龙印装有限公司
版　　次：2024 年 8 月第一版
印　　次：2024 年 8 月北京第一次印刷
开　　本：710 毫米 ×1000 毫米　16 开本
印　　张：8.25
字　　数：128 千字
印　　数：0001—1000 册
定　　价：50.00 元

序

随着我国现代化建设事业的发展和人民生活水平的提高，对清洁（绿色）能源的需求也越来越高，但是长期以来我国的能源消费和生产主要是化石燃料，例如火电机组主要是通过燃烧煤炭和石油等化石能源来发电，大量使用煤炭和石油会导致二氧化碳以及其他一些对人体有害气体的产生，会严重地污染自然界的环境，破坏生态平衡，特别是形成的温室效应导致气候变暖，极端灾害天气变得愈加频繁，为了避免出现人类难以承受的气候灾难，碳中和、碳达峰被提上了日程。

能源系统的低碳转型是我国实现碳达峰、碳中和目标的关键环节。低碳转型过程将引发能源系统新一轮全局性、系统性的变革。能源革命将是一个漫长、艰难的过程。由于资源禀赋、技术条件限制和电力安全等问题，未来一段时间内火电燃煤发电机组仍将保留一定规模。特别是，随着超（超）临界燃煤发电技术的逐渐成熟，我国已是建设高参数、大容量超（超）临界燃煤发电机组最多的国家。为了确保电网稳定运行、深度调峰和高峰保供，电力行业碳达峰、碳中和发展路径，尤其是火力发电行业转型发展路径，是我们必须共同面临和思考的问题，也是众多学者共同关注和研究的热点。进一步降低燃煤电站煤耗、提高发电效率、提升机组灵活性、满足调度升负荷速率，大幅减少碳等污染物排放，提高机组低负荷发电能力，实现发电过程智慧化是燃煤电站保持竞争力的有效手段和必由之路。

本书瞄准工程应用，在燃煤电站热工过程智能控制方面做了不少探索性的工作，内容深入、具体，具有一定的工程意义和实用价值，本书可供电力行业的工程技术人员参考。

看到学生有一些成绩，非常欣喜。也非常高兴接受邀请为该书作序，也借此鼓励作者继续努力，取得更大的进步。

2024 年 1 月 28 日

前言

能源的低碳转型是实现碳达峰、碳中和目标的关键。能源低碳转型主要包括改变能源生产和消费方式两大方面，其核心任务是最大限度地消纳清洁、可再生能源，提高能源利用效率，促进能源生产与消费向安全、清洁、低碳、高效转变。以新能源为主体的新型电力系统主要面临两方面的挑战：一是不断攀升的新能源消纳率和能源利用效率；二是风能、太阳能等可再生能源的强波动性和间歇性给电力系统安全带来的冲击。

受限于富煤、贫油、少气的资源禀赋，我国一直以煤炭为主要能源。未来，燃煤发电仍是新型电力系统的“压舱石”，发挥基础保障的作用。发电智能化是支持电力系统转型与建设的重要技术手段，刘吉臻院士也指出，智能发电是第四次工业革命大背景下发电技术的转型革命。新型电力系统对燃煤发电机组的运行可靠性和灵活性要求更高，燃煤发电过程面临更多的内、外部不确定性，运行工况更加复杂多样，因此，燃煤发电热工过程的优化控制再次成为学者关注的焦点，也是智慧电厂建设的基础环节。智慧电厂的核心是智能发电技术与信息融合技术，建设高度智能化的智慧型燃煤电厂是适应我国能源转型的必然趋势。

本书对几类典型热工过程的优化控制做了一些探索，包括大滞后及非线性热工过程、非自衡热工过程、非最小相位热工过程、强干扰热工过程（以 SCR 烟气脱硝系统为例），旨在进一步提高火电机组的控制水平，提升火电机组深度调峰和低负荷发电能力。

欢迎电力行业从事热工控制、智慧能源建设的工程技术人员，控制科学与工程领域的学生、学者、科研人员阅读、参考，并恳请交流、指正。

借本书出版的机会，向华北电力大学自动化系刘长良教授、国家发展改革委能源研究所开平安教授致以崇高敬意。本书得到了海南省自然科学基金资助（623RC506）、海南热带海洋学院科研项目（RHDRC202004）资助。

由于作者水平有限，书中疏漏和不妥之处在所难免，恳请广大读者指正。

作者

2024 年 1 月 27 日

目录

第一章

概　　述

第一节　燃煤电厂的背景及意义

近一个世纪以来，工业的发展和人类活动规模与强度的空前增大，带来了全球平均气温的显著快速上升。二氧化碳（CO_2）等温室气体排放引起的全球气候变化已经成为全人类需要共同面对的重大挑战之一。科学界和各国政府对气候变化问题正在形成更加明确的共识，即气候变化会给全球带来灾难性的后果，世界各国应该行动起来减排温室气体以减缓气候变化，到 21 世纪中叶实现碳中和是全球应对气候变化的最根本的举措。根据政府间气候变化专门委员会（IPCC）提供的定义，碳中和（也称为净零二氧化碳排放）是指在特定时期内全球人为二氧化碳排放量与二氧化碳消除量（如通过自然碳汇、碳捕获与封存、地球工程等方式消除）相等。二氧化碳是造成气候变化的温室气体之一，而其他温室气体（如甲烷）也能以二氧化碳当量的形式体现，因此广义的碳中和涵盖包括二氧化碳在内的各种温室气体。

全球已形成碳中和共识，减碳趋势不可阻挡。2020 年 9 月 22 日，国家主席习近平首次在第七十五届联合国大会一般性辩论上宣布：中国将提高国家自主贡献力度，采取更加有力的政策和措施，二氧化碳排放力争于 2030 年前达到峰值，努力争取 2060 年前实现碳中和。截至 2020 年年底，全球共有 44 个国家和经济体正式宣布了碳中和目标，包括已经实现目标、已写入政策文件、提出或完成立法程序的国家和地区。其中，英国于 2019 年 6 月 27 日新修订的《气候变化法案》生效，成为第一个通过立法形式明确 2050 年实现温室气体净零排放的发达国家。美国特朗普政府退出了《巴黎协定》，但新任总统拜登在上任第一天就签署行政令让美国重返《巴黎协定》，并设定 2050 年之前实现碳中和的目标。

能源活动是全球温室气体的主要排放源，根据世界资源研究所（WRI）数据，2017 年，在全球温室气体总排放量中，能源活动排放量占 73%，农业活动排放量占 11.76%，土地利用变化和林业排放量占 6.38%，工业生产过程排放量占 5.68%，废弃物处理排放量占 3.18%。在能源活动排放中，发电和供热行业排放量占全球温室气体排放量的比例最高，为 30.4%，交通运输排放量占 16.18%（其中道路交通是主要来源），制造业排放量占 12.38%，建筑业排放量占 5.58%，如图 1-1 所示。

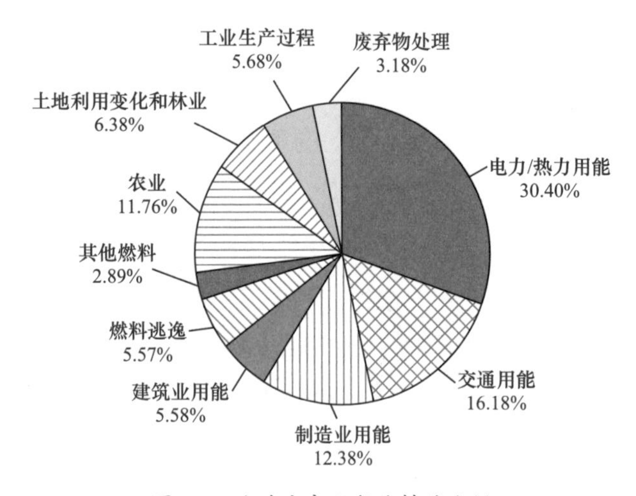

图 1-1　全球分部门气体排放比例

根据世界资源研究所（WRI）数据，分部门而言，2017 年，中国发电和供热行业所产生的温室气体排放量占全国总排放量的 41.6%，制造业和建筑业占 23.2%，工业生产过程产生的温室气体排放量占 9.7%。此外，交通运输和农业部门的碳排放量占比分别是 7.5% 和 6.1%（见图 1-2）。与全球对比，中国在建筑、交通和农业部门碳排放占比明显偏低，而工业部门占比较高，能源发电领域仍然是温室气体排放的大户。

CO_2 排放的最大来源是化石能源的燃烧。据《世界能源统计年鉴 2020》最新公布数据显示，我国煤炭、石油、天然气消费量分别占世界总量的 51.7%、14.5%、7.8%，可见控制 CO_2 排放，首当其冲要控制煤炭消费。我国能源领域二氧化碳排放比例如图 1-3 所示。能源生产与转换环节占能源活动碳排放量的比例为 47%，煤炭终端燃烧碳排放量占比为 35%，减排任务艰巨。

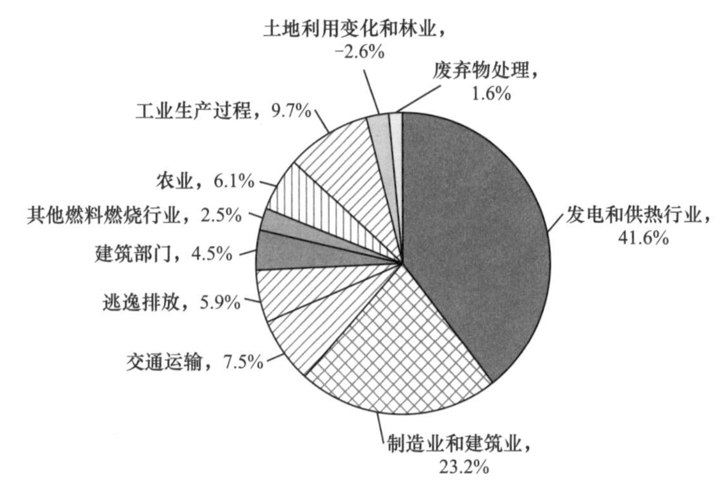

图 1-2 我国分部门温室气体排放比例

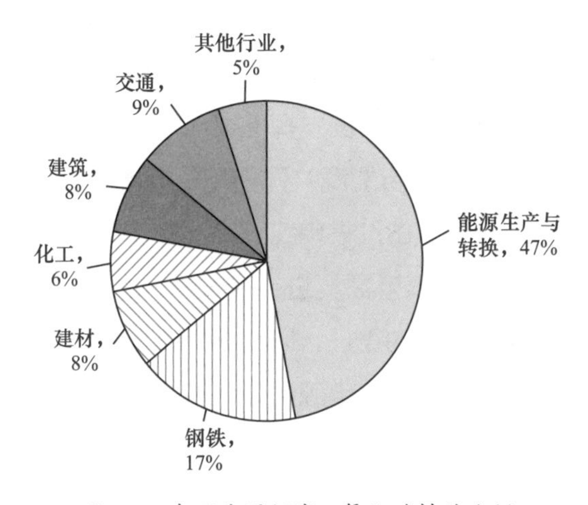

图 1-3 我国能源领域二氧化碳排放比例

受限于“富煤、贫油和少气”的能源资源禀赋，我国能源行业始终以煤炭为主要能源。据国家能源局统计，2021 年我国全社会煤炭总消费 41.1 亿 t 标准煤，其中发电用煤 21.3 亿 t，约占 52%。从电力行业主体功能上看，煤电机组以不到 50% 的装机占比提供了 66% 的全社会用电量，并且支撑 75% 的高峰时段负荷需求。在未来较长时间，燃煤发电在我国电力供应中仍将占据主导地位。

党的十九大以来，我国加速推进能源生产和消费革命，构建清洁低碳、安全高效能源体系，将其作为可持续发展战略的重要方向。随着 2020 年 9 月中国明确提出 2030 年“碳达峰”与 2060 年“碳中和”目标，电力行业的关注重点也从“电视角”转向“碳视角”。近年来，我国在能源转型方面加快了行动步伐。一方面，发展以煤电为代表的传统能源的高效、超净发电技术，另一方面，促进以互联网 + 为特征的新能源发展。目前，我国的能源转型已经落实为实在的行动计划。

随着新能源发电技术日趋成熟，以风能、太阳能发电为代表的清洁能源机组开始大规模并入电网，以新能源为主体的新型电力系统对自身以及电网的运行调控提出了更为严格的要求，主要体现在两方面：一是新能源消纳问题，我国新能源资源与负荷需求具有逆向分布的特点，跨区域输电能力有限，弃风、弃光现象突出；二是系统安全问题，风、光等自然资源具有强随机性，新能源发电对负荷需求的响应能力不足，电网安全稳定运行面临严峻的挑战。燃煤发电具有一次能源可储、二次能源可控的特点，其在确保大规模新能源消纳、电力稳定供应和保障电网安全稳定方面发挥着“压舱石”的作用。在今后较长一段时期，将是传统化石能源与新能源共同使用的“混合能源时代”。以煤电为代表的传统电源将转换角色，由过去单纯的电源转变为可以与新能源进行相互调节、匹配及互补的电源。煤电需要进一步发挥和提高可调度性和电网友好性，从而承担起电网深度调峰的重任，以此来平抑风能、太阳能发电的随机波动性。因此，以煤电为代表的传统电源的弹性运行将是解决未来我国消纳大规模清洁能源的根本途径。

第二节　燃煤电厂的低碳发展路径

在碳达峰、碳中和背景下，我国的煤电企业应该因地制宜，走出一条具有自己特色的绿色低碳发展路径。

1. 碳中和时期火电机组得保留一定的规模，发挥基础保障作用

碳中和目标将倒逼我国能源转型，能源结构转型需要大力发展可再生能源，逐步降低和摆脱对化石燃料、燃煤电厂的依赖。但可再生能源不可控因素较多，至少现在还不能作为保供电源。煤电仍然是保供电源的主力军。例如，

2020 年 12 月～ 2021 年 1 月自湖南省通知有序用电之后，浙江、江西、陕西等多地都发出了限电的通知，全国多地出现拉闸限电。2021 年 1 月 7 日，1.89 亿 kW 的用电负荷高峰出现在晚上，光伏发电供电负荷为零。碰巧当天全国大面积风力不足，风力发电的运行负荷只占总装机容量的 10% 左右，这样全国 5.3 亿 kW 风电和光伏的总装机容量，有 5 亿 kW 供电负荷为零。冬季又是枯水期，我国 3.7 亿 kW 水电的装机容量在用电高峰时超过 2 亿 kW 供电负荷为零。还有，冬季是天然气的用气高峰，中国 1 亿 kW 左右的天然气发电机组，有一半左右也没有参与供电。加上发电机组停机检修、区域布局等问题，造成冬季缺电就显而易见了。另外，燃煤电厂还需要承担起电网深度调峰的重任，也是确保电网安全稳定的重要保障。因此，为了确保电网运行稳定、电力供应稳定，实现燃煤发电机组与新能源优势互补，发挥好燃煤发电机组的基础保障作用，碳中和时期保留一定的规模的煤电机组是非常必要的。

2. 提升燃煤发电机组的智能化水平，节能降耗，降低单位煤电发电量的碳排放水平

在实现碳中和过程中，国家应出台政策首先淘汰关停效率低、煤耗高、役龄长的落后老小机组。小于 30 万 kW 的机组，应逐一分析这些机组的实际情况，该淘汰的坚决淘汰；其次应该对占煤电容量 30% 的近 1000 台亚临界机组进行升级改造。将亚临界机组的效率和煤耗提升到超超临界的水平，以大幅度降低其煤耗，同时大力改善其低负荷调节的灵活性，以大大提高其消纳风电和光伏发电量的能力，尤其是亚临界机组均是汽包锅炉，具有良好的水动力学的稳定性，因而更加适应电网的负荷调节。徐州华润电厂于 2019 年 7 月完成了对 32 万 kW 亚临界燃煤发电机组的改造，额定负荷下的供电煤耗从改造前的 318g/kWh 降低到 282g/kWh，每度电降低标准煤耗 36g，按年利用小时数 4500h 计，相当于每年节约标准煤 5.2 万 t，减少 CO_2 排放约 14 万 t。改造后机组不但具有稳定的 100% ～ 20% 范围内的调峰调频性能，而且在 19.39% 的低负荷下仍然实现了超低排放，达到了大幅度降低煤耗、显著提高灵活性的目标。

3. 掺烧非煤燃料，进一步降低煤电碳排放

煤与生物质、污泥、生活垃圾等耦合混合燃烧是煤电的又一低碳发展的方向。煤与生物质耦合混烧发电的突出优点是：利用固体生物质燃料部分或全部

代替煤炭，显著降低原有燃煤电厂的 CO_2 排放量；利用已有的燃煤发电机组设备，只对燃料制备系统和锅炉燃烧设备进行必要的改造，可以大大降低生物质发电的投资成本。

燃煤电厂掺烧生物质燃料，在国内外均有成熟经验。掺烧污水处理厂污泥，在国内也有不少电厂投运，如广东深圳某电厂 300MW 燃煤发电机组、江苏常熟某电厂 600MW 燃煤发电机组、江苏常州某电厂 600MW 燃煤发电机组。掺烧生活垃圾的主要是循环流化床锅炉的燃煤电厂，也有先将垃圾气化再掺入煤粉炉燃烧的电厂。

4. 提升智能化水平，建设适应新一轮能源改革转型的智慧型燃煤发电站

燃煤发电机组必须适应新一轮能源改革转型的需要，努力提升机组深度灵活调峰的能力，积极探索和推广低碳新技术，做到“超低碳”排放。

（1）加强技术改造，提升机组的能效水平，降低煤耗。例如，二次再热技术、烟气余热深度利用技术、空气压缩机余热利用技术，以及采用先进节能技术对电机、锅炉、变压器等主要设备进行改造等。

（2）建设高参数、大容量的超超临界发电机组，如研发超超临界机组系统深度耦合技术，实现机炉一体的设计优化，完善热力学性能和调峰性能，进一步提高系统效率。例如二次再热超超临界燃煤发电机组相比于传统机组更容易实现碳捕集，具有更好的调峰性能优势；积极研发 700℃ 等级二次再热超超临界燃煤发电机组，进一步提高机组能效，降低碳排放量，并实施碳捕集等。

（3）积极研发燃煤发电机组适用的节能低碳技术，例如碳捕集、封存和二次利用技术等。

（4）加强燃煤发电机组与可再生能源的耦合互补，提升燃煤发电机组的深度灵活调峰能力，是燃煤发电机组义不容辞的重任。

未来我国能源结构将向多元结构方向发展，需要互相发挥优势、协调互补。燃煤发电机组的灵活调峰能力要求将越来越高，煤电要充分发挥基础保障作用，承担系统调节功能，提升电力系统应急备用和调峰能力。

以上目标的实现，都需要建立在发电过程高度信息化、数字化、自动化的基础之上，因此建设高度智能化的智慧型燃煤电站是未来适应我国能源转型的必然趋势。

第三节　智能燃煤电厂技术需求

智能发电是利用现代信息技术实现对发电过程的智能化监控、操作和管理。智能发电技术是提升燃煤电厂在发电领域竞争力的重要手段。中国工程院院士、华北电力大学原校长刘吉臻对智能发电的概念做出了比较权威的定义：智能发电是发电过程以自动化、数字化、信息化为基础，综合应用互联网、大数据等资源，充分发挥计算机超强的信息处理能力，集成统一的一体化数据平台、一体化管控系统、智能传感与执行、智能控制和优化算法、数据挖掘以及精细化管理决策等技术，形成一种具备自趋优、自学习、自恢复、自适应、自组织等特征的智能发电运行控制与管理模式，提升燃煤发电机组宽负荷运行效率，实现快速变负荷、深度调峰和污染物超净排放，以实现安全、高效、环保的运行目标，并具有优秀的外界环境适应能力。智能发电是对发电全过程的智能化监控、操作和管理，是智慧电厂的基础，也是将来实现智慧电站必不可少的。智能燃煤电厂的核心就是智能发电技术与信息融合技术。智能燃煤电厂的技术需求有如下 5 方面。

1. 深度调峰

深度调峰是保障大规模新能源消纳和电网安全稳定的重要手段。深度调峰要求在超低负荷工况（20% ～ 50% 额定容量）下保证机组的平稳运行，相关技术包括超低负荷稳燃、超低负荷安全监控和超宽负荷优化控制等。深度调峰对燃煤发电机组的影响主要体现在机炉水动力安全运行、低负荷状态下炉膛参数稳定性、过 / 再热温度偏离设计值等，与之对应的研究也在不断开展。另外，现役燃煤发电机组在设计阶段并没有考虑深度调峰，缺乏必要的监测和调控手段，难以获悉机组调峰极限能力，辅机设备长期工作在低负荷工况下也会出现效率大幅度降低和设备无法投运等现象。

2. 快速变负荷

变负荷能力直接反映了机组运行的灵活性。在以新能源为主体的新型电力系统中，具有快速变负荷能力的燃煤发电机组可以快速响应调度指令，补偿新能源发电机组不确定性带来的功率波动，支撑电网稳定运行，进而提高电网对新能源电力的消纳能力。目前，我国华北、东北等区域电网均已颁布相关的电力并网运行管理规定，对于机组响应自动发电控制（AGC）指令的调节速率有明确的考核指标，包括 AGC 可用率考核和 AGC 性能考核。一般来说，常规燃煤发电机组的变负荷速率为每分钟 1% ～ 2% 额定功率，经过灵活性改造后可以达到 2% ～ 3%，参照丹麦和德国等国家的先进技术，未来我国燃煤发电机组的变负荷速率有望提升至 4% ～ 6%。

锅炉系统的响应速率是制约火电机组负荷响应的主要因素。从锅炉的能量转换层面看，可通过热力系统、制粉及燃烧系统的优化设计缩短锅炉对负荷的响应时间；从控制层面看，制粉系统、给水系统的协调优化控制能提升锅炉响应过程的快速性，是实现火电机组快速变负荷的重要基础。

3．超净排放

超净排放是指燃煤发电机组在发电运行和末端治理等过程中，采用多种污染物高效协同脱除集成系统技术，使大气污染物排放质量浓度基本达到燃气机组排放限值水平，即烟尘、SO_2、NO_x 排放质量浓度（基准含氧体积分数 6%）分别不超过 5mg/m^3、35mg/m^3 和 50mg/m^3。燃煤发电机组在超低负荷工况下运行会对 NO_x 等污染物排放控制带来显著影响，亟需研发面向灵活智能燃煤发电的超净排放技术。现有技术中，脱硫系统的问题主要集中在吸收塔内 pH 值异常、吸收塔起泡、废水处理不达标、系统水平衡无法控制、烟气自动监控系统准确性低等；脱硝系统的问题主要表现在非额定工况下选择性催化还原（SCR）反应器入口烟气温度与催化剂适用温度之间的矛盾。解决方案包括使用分级省煤器、省煤器烟气旁路以及增设 0 号高压加热器，也可通过改造燃烧方式以提高 SCR 入口烟气温度等方式解决。

4．高效燃煤发电

高效燃煤发电是指综合考虑供电需求和发电效率，供电效率达到 42% ～ 45%，供电煤耗降到 300g/kWh 以下的燃煤发电技术。目前，华电莱州发电有限公司 4 号机组的度电煤耗为 253g，达到世界领先水平。大容量、高参数的燃煤发电系统是实现煤炭能源高效清洁利用最可行的技术途径，其中包括发展高参数二次再热燃煤发电机组、对主要耗能设备及辅机设备进行能效升级、应用先进的节能节水技术等。此外，材料和制造技术是制约我国燃煤发电技术高效

化的核心问题，尤其是高温材料的生产与制造。

在新型电力系统建设的背景下，多种能源的综合化利用为高效燃煤发电提供了更多可选择的技术路径。另外，煤炭气化技术和新型节能技术也会提高燃煤发电机组的综合效率。

5. 碳电市场协同发展

随着碳税政策的相继出台和碳捕集、利用与封存（CCUS）技术的不断进步，以碳汇为代表的碳交易市场初具雏形。燃煤发电等火电机组是 CCUS 项目的重要客户，这类机组参与碳交易不仅能够响应碳达峰、碳中和目标，还能够提高整体经济效益，部分机组在参与 CCUS 项目后的发电成本甚至低于风力发电机组。

碳电市场是碳交易与电力交易不断开放的产物，但这两个市场的归口主管部门、运行范围和市场主体均不相同，相关政策体系、交易规则等暂未实现有效衔接。在国际上，欧盟率先推行碳电市场，实施碳税与碳排放权交易，开展绿色电力认证，并设计相关的碳关税政策。未来的碳电市场应重点关注碳交易与电力交易的协同发展，通过设计灵活的价格疏导机制和高效的减排传导机制，推进碳达峰、碳中和目标实现。但目前的 CCUS 技术尚不能满足商业化需求，全球范围内也没有成功的案例可以参考，距离碳电市场落地实施仍有较长的路要走。

第四节　智能电厂的架构及特征

智能发电概念提出之前，针对火电厂生产运行对网络信息系统可靠性、安全性的要求，普遍采用的是具有三级可靠性、二级安全性的发电厂信息系统网络结构，以及分散控制系统（distributed control system，DCS）+ 管理信息系统（management information system，MIS）+ 厂级监控信息系统（supervisory information system，SIS）的生产管理模式。但是，由于信息系统安全分区的限制，SIS 与 DCS 之间只能进行单向通信，机组运行性能在线诊断及优化结果不能与实际生产过程形成闭环。随着互联网、大数据、云平台以及新的安全理念和管理技术的发展，为了适应智能化管控的需求，原有 DCS+SIS+MIS 的 3 层物理架构应进一步简化为 2 层架构（见图 1-4）。

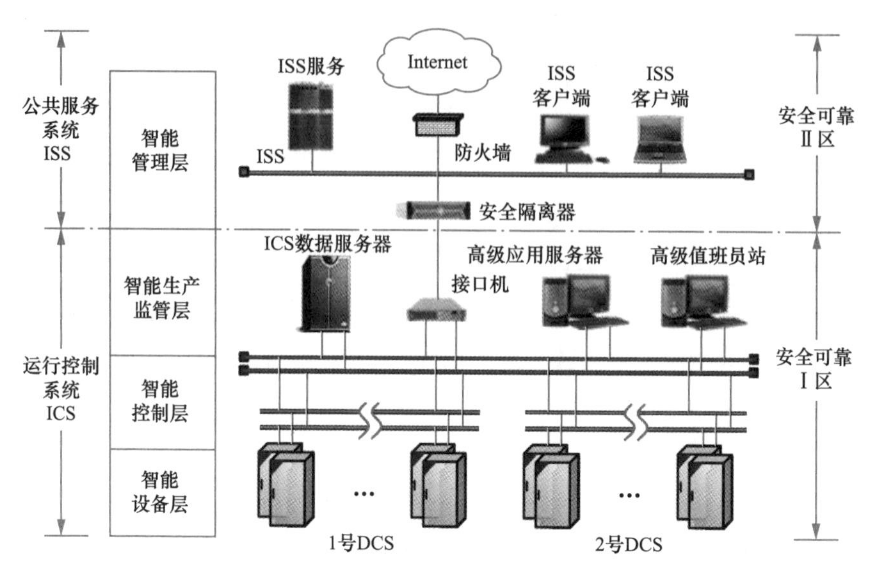

图 1-4　智能电厂物理架构

在此架构中，与生产运行密切相关的生产过程控制层和生产监管层被统一在一个物理层，具有相同的安全可靠性要求，在功能上被统称为“智能发电运行控制系统（ICS）”。管理服务层网络属于一个单独的物理层，主要提供巡检、设备维护、分析核算、移动应用等功能，称为“智能发电公共服务系统（ISS）”。两个物理层之间按照“安全分区、网络专用、横向隔离、纵向认证、综合防护”的原则实现逻辑隔离和物理隔离。

1. 智能设备层

智能设备层在电厂传统运行设备层的基础上，采用先进的测量传感技术，对电厂生产过程进行全方位检测和感知，并将关键状态参数、设备状态信息及环境因素转换为数字信息，对其进行相应的处理和高效传输，为智能控制层及智能管理层提供基础数据支持。

智能设备层中嵌入高精度的机组重要参数软测量信号，包括锅炉热量、入炉煤质、入炉煤成分、锅炉入炉煤粉流量、烟气含氧量、汽轮机排汽焓、锅炉蓄能、蒸汽流量等，为智能控制中的优化控制、在线经济性分析及诊断系统提供重要数据保证。

2. 智能控制层

因为燃煤发电机组对象特性复杂且需不断适应外界工况的变化，传统 DCS 控制功能已不能满足多样化生产需求，所以在智能控制层中需结合先进控制算法及智能控制策略、多目标优化、数据分析等技术手段，来满足对象多样化的需求。智能控制层中嵌入更具针对性、实用性的节能优化控制系统解决方案，包括基于精准能量平衡的智能机炉协调控制系统、燃烧优化控制系统、脱硫/脱硝优化控制系统，以及适应机组快速变负荷和深度变负荷控制的弹性运行优化控制系统，同时包含主蒸汽压力定值优化、汽轮机冷端优化、锅炉吹灰优化、制粉系统优化等节能优化控制算法，以满足机组快速、经济、环保等多目标柔性优化控制需求。智能控制层中嵌入机组实时经济性分析与诊断系统，结合智能设备层提供的高可靠性、高精度的测量信息，应用锅炉核心计算方程、汽轮机热经济性状态方程、机组性能耗差分析等工程分析方法，实现对电厂设备及系统性能的实时计算，全面、精确、直观地反映当前机组性能指标和能损分布情况，指导机组运行人员进行合理的调整，达到提高机组运行效率、降低煤耗的目的。智能控制层中还嵌入设备状态监测与智能预警诊断系统，通过对机组设备重要状态参数的劣化分析、基于深度学习的设备状态预警及诊断，实现对机组运行状态及故障的超前预警与故障诊断，为智能管理提供决策支持。

3. 智能生产监管层

智能生产监管层是一个厂级综合生产监管平台，其根据智能控制层提供的节能优化控制系统解决方案、机组经济性分析及诊断结果、设备状态监测与智能预警、自启停控制系统提供用户界面、柔性多目标决策、模型的更新与深度学习、故障自切换与恢复等监督功能；同时向智能管理层提供机组的全面分析诊断报告，为智能管理的决策提供依据。此外，在智能生产监管层中配备厂级负荷优化系统及高级值班员决策支持系统，为机组的高效运行及安全管理维护提供支持。

4. 智能管理层。

智能管理层中提供自组织的精细化管理解决方案，侧重于企业信息管理现代化，其在实现智能电厂基本功能的基础上进行应用扩展和资源优化调度整合。电厂可根据其现状和特点，因地制宜、注重实效，为企业进一步创造经济价值。

第五节　燃煤电厂热工过程特征

随着大容量、高参数超（超）临界燃煤发电机组的兴起，燃煤电厂热工过程呈现越来越复杂的特征：

1. 强非线性

燃煤电厂热工过程是典型的非线性过程，在机组大范围变负荷运行情况下，这种非线性特性表现得尤为强烈。

2. 大滞后

大滞后在燃煤电厂热工过程中普遍存在，过热蒸汽温度对象就是典型的大滞后过程，而且具有严重的非线性。另外，严格来讲大多数热工过程都是高阶对象，在工程应用中都是采用低阶惯性加纯滞后环节来近似替代。

3. 不稳定因子

尽管大部分热工过程都是稳定的，但是燃煤电厂热工过程中也存在不稳定因素，尤其具有右半复平面零点的非最小相位对象和非自衡对象比较普遍。纯迟延环节用帕德（Pade）近似或者泰勒级数展开，就会发现具有右半平面的零点存在，也是一类非最小相位对象。

4. 不确定干扰

燃煤电厂生产过程是一个复杂的长流程生产过程，其经常受到煤质变化、负荷波动、环境变化以及各种未知干扰的影响；与此同时，热工过程动态特性模型通常是在一定假设条件下建立并基于运行数据辨识，这些都会导致建模误差，从而产生未建模态、模型结构或参数摄动等不确定性干扰。

5. 各种物理约束

非线性约束在热工过程中普遍存在，按性质主要分为物理约束和设计约束。物理约束主要包括执行机构本身的最大出力约束和速率约束，即限幅、限速约束；设计约束主要是考虑生产工艺过程的特殊需求所带来的约束，例如来源于安全运行等对某些状态变量的范围限制，为了避免工艺系统在不安全的模式下操作，许多工艺量必须在一定的变化幅度和速率范围内进行操作，如升负荷速率、温升速率等。不论是哪一类的约束都会对控制系统产生影响，从控制

侧考虑，主要表现为控制器输出作用的幅值限制和速率限制，即

$$\underline{U} \leqslant u(t) \leqslant \overline{U}, \qquad \forall t \geqslant 0 \tag{1-1}$$

$$\underline{U_V} \leqslant u(t)-u(t-1) \leqslant \overline{U_V}, \qquad \forall t \geqslant 0 \tag{1-2}$$

式中　$u(t)$——控制器的输出；

$\underline{U}$、$\overline{U}$——控制器输出限幅的最小值和最大值；

$\underline{U_V}$、$\overline{U_V}$——控制器输出限速的最小值和最大值。

以上特征都不是独立存在的，在同一热工过程中往往同时存在两种或以上，因此更加加剧了燃煤电厂热工过程的控制难度。

第二章

大滞后及非线性热工过程控制

第一节　大滞后控制方法的工程应用研究

大滞后过程的控制一直是困扰控制界的难题。学者们对此进行了广泛的研究，其中串级 PID 控制、Smith 预估控制和内模控制最具代表性。近些年，这些方法与神经网络、模糊控制、自适应控制、最优控制及智能算法等相结合，取得了比较丰硕的研究成果。然而，这些成果普遍在实验仿真阶段可以取得满意的效果，在工程应用中却不尽如人意，有的甚至无法应用。究其原因，主要是在研究设计控制方案时，只考虑控制系统的闭环特性，而忽视了物理系统本身的限制给控制系统带来的非线性约束。这些约束在实际工程应用中不可避免，其中非线性饱和约束是最常发生的一类。

本节以电厂主蒸汽温度控制为例，针对执行机构的非线性饱和约束，对控制器的输出进行必要的限幅和限速，分别对串级 PID 控制、Smith 预估控制和内模控制 3 种基本控制策略进行分析和研究。

一、串级 PID 控制

火电厂主蒸汽温度对象是典型的大滞后过程，在变负荷过程中，主蒸汽温度对水煤比的响应很慢，需要通过调整减温水流量进行主蒸汽温度的动态调节。目前，图 2-1 所示的串级 PID 控制方案仍然是应用最为广泛的控制策略。

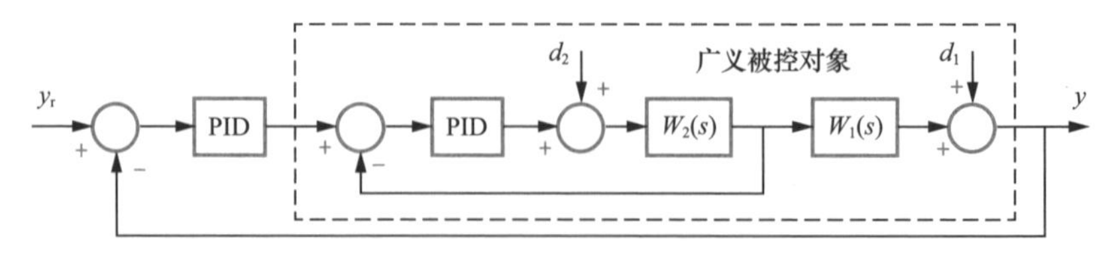

图 2-1　主蒸汽温度串级 PID 控制方案

$W_1(s)$—惰性区传递函数；$W_2(s)$—导前区传递函数；PID—比例 - 积分 - 微分控制器；d_1—输出测量干扰；d_2—控制量干扰；y_r—给定值；y—输出测量值

图 2-1 所示虚线中的对象为广义被控对象，采用最小二乘等方法可以将广义被控对象拟合为一阶惯性迟延模型（FOPDT）。某超临界 600MW 直流锅炉在 75% 负荷下辨识得到的 FOPDT 模型为

$$P(s)=\frac{K_{\mathrm{p}}}{1+T_{\mathrm{p}}s}\mathrm{e}^{-\tau s}=\frac{1.15}{1+95s}\mathrm{e}^{-118s} \tag{2-1}$$

式中　K_{p}——对象比例增益；

T_{p}——时间常数；

τ——滞后时间。

得到广义被控对象 FOPDT 模型的 PID 控制器典型控制系统如图 2-2 所示。

PID 控制器输出 $u(t)$ 的计算式为

$$u(t)=K_{\mathrm{c}}[e(t)+\frac{1}{T_{\mathrm{i}}}\int_0^t e(t)\mathrm{d}t+T_{\mathrm{d}}\frac{\mathrm{d}e(t)}{\mathrm{d}t}] \tag{2-2}$$

式中　K_{c}——控制器比例增益；

T_{i}——积分时间；

T_{d}——微分时间。

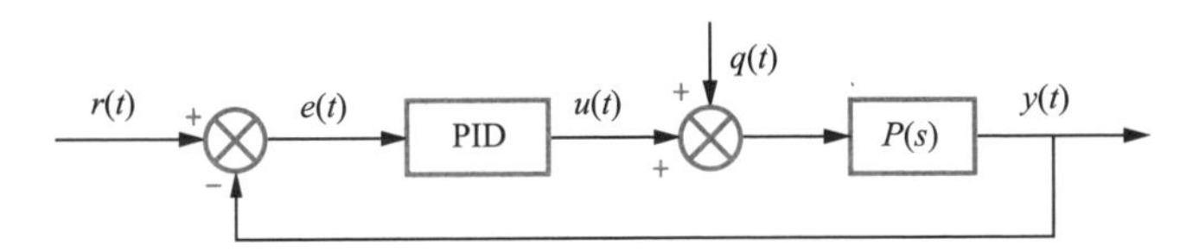

图 2-2　广义被控对象 FOPDT 模型 PID 控制系统

$r(t)$—给定值；$e(t)$—偏差；$u(t)$—控制器输出；$q(t)$—扰动；$y(t)$—系统输出

控制器的传递函数为

$$C(s)=\frac{U(s)}{E(s)}=K_{\mathrm{c}}[1+\frac{1}{T_{\mathrm{i}}s}+T_{\mathrm{d}}s] \tag{2-3}$$

$$u_{\mathrm{PD}}=K_{\mathrm{c}}[e(t)+T_{\mathrm{d}}\frac{\mathrm{d}e(t)}{\mathrm{d}t}]=K_{\mathrm{c}}e(t+T_{\mathrm{d}}) \tag{2-4}$$

式中　u_{PD}——PD 控制作用。

由式（2-4）可知，PD 作用可以看作是对误差在 $t+T_{\mathrm{d}}$ 时刻的线性预测。

式（2-3）并不是实现 PID 控制算法的唯一形式，PID 控制算法也可以是

$$C(s)=K_{\mathrm{c}}\frac{(1+T_{\mathrm{i}}s)}{T_{\mathrm{i}}s}(T_{\mathrm{d}}s+1) \tag{2-5}$$

采用式（2-5）的控制器可得到图 2-3 所示的等价 PID 控制系统，由图 2-3 可知，PI 控制器的输入信号 $\tilde{e}(t)$ 为

$$\tilde{e}(t)=r(t)+T_{\mathrm{d}}\frac{\mathrm{d}r(t)}{\mathrm{d}t}-y(t)-T_{\mathrm{d}}\frac{\mathrm{d}y(t)}{\mathrm{d}t} \tag{2-6}$$

$$\tilde{e}(t)=e(t+T_{\mathrm{d}})=r(t+T_{\mathrm{d}})-y(t+T_{\mathrm{d}}) \tag{2-7}$$

式（2-6）、式（2-7）可以清楚地表达出 PID 控制器对系统误差的超前预测作用。

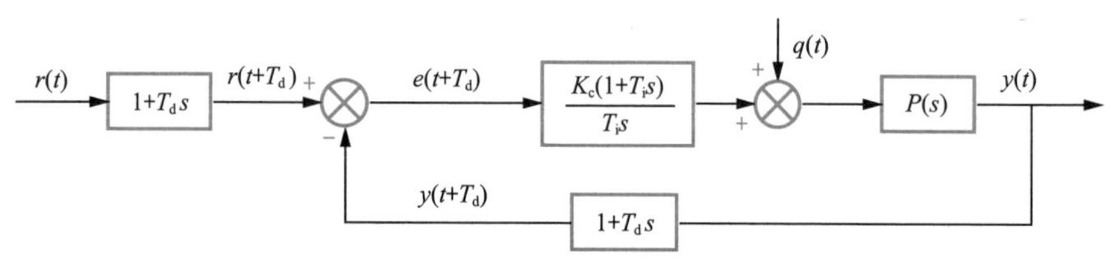

图 2-3　等价 PID 控制系统

由以上分析可知，只要参数设计合理，PID 控制器能够克服系统的纯滞后时间 τ。

式（2-3）、式（2-5）中的理想微分作用在实际应用中是无法实现的。式（2-8）是目前应用广泛的 PID 控制器形式，为了应用方便也可以转换成式（2-9）的形式，即

$$C(s)=K_{\mathrm{c}}\frac{(1+T_{\mathrm{i}}s)}{T_{\mathrm{i}}s}\frac{T_{\mathrm{d}}s+1}{\alpha T_{\mathrm{d}}s+1} \tag{2-8}$$

$$C(s)=K_{\mathrm{c}}+\frac{K_{\mathrm{i}}}{s}+\frac{K_{\mathrm{d}}s}{T_{\mathrm{d}}s+1} \tag{2-9}$$

式中　K_{d}——微分增益；

K_{i}——积分增益；

α——微分常数。

以阀门为例，在控制器输出端加入控制约束，幅值为 0% ～ 100%，限速为 2%。仿真时间为 100s 时，以式（2-1）为对象对图 2-3 所示系统进行阶跃响应分析。加入控制约束前后，系统的闭环响应和控制器输出如图 2-4、图 2-5 所示。图 2-4 的控制器作用较弱，其中 $K_{\mathrm{c}}=0.36$，$K_{\mathrm{i}}=0.003$；图 2-5 的控制

器作用较强，其中$K_c = 0.72$，$K_i = 0.0048$。由此可知，控制器作用越强，控制约束对系统的影响越大，由于控制约束的限制作用导致系统的振荡减弱，闭环特性得到改善。

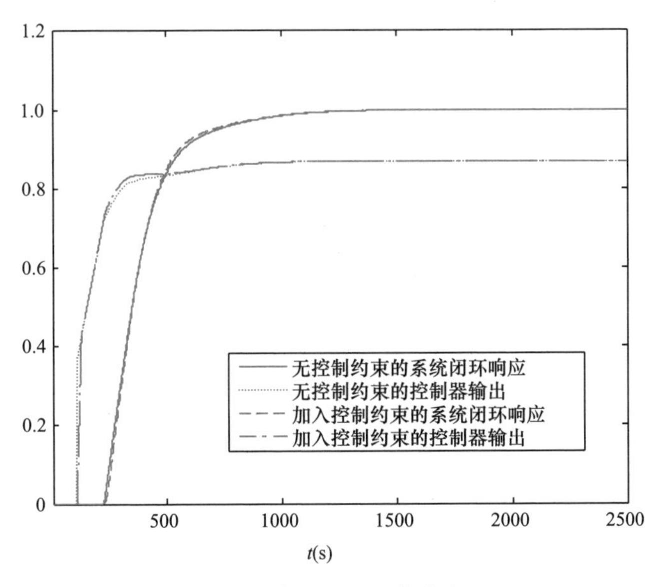

图 2-4 串级 PID 仿真结果 1

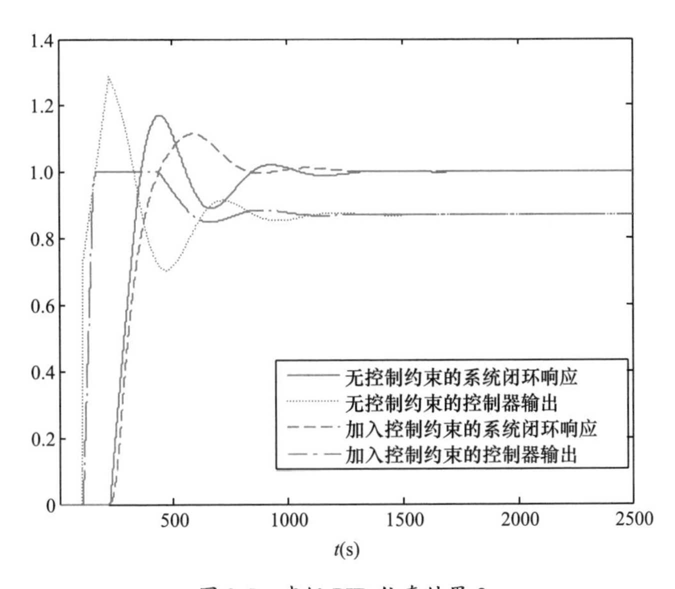

图 2-5 串级 PID 仿真结果 2

二、Smith 预估控制

Smith 预估补偿算法如图 2-6 所示，其作用是提供一个比过程超前的反馈量，在标称情况下，$G(s)=G_n(s)$，$\tau=\tau_n$，$\mathrm{e}^{-\tau s}=\mathrm{e}^{-\tau_n s}$，$P_n(s)=G_n(s)\mathrm{e}^{-\tau_n s}=P(s)=G(s)\mathrm{e}^{-\tau s}$，则 $e_\mathrm{p}(t)=0$。如此有

$$\frac{Y(s)}{R(s)}=\frac{C(s)P_n(s)}{1+C(s)G_n(s)}=\frac{C(s)G_n(s)\mathrm{e}^{-\tau_n s}}{1+C(s)G_n(s)} \tag{2-10}$$

$$\frac{Y(s)}{Q(s)}=P_n(s)\left[1-\frac{C(s)P_n(s)}{1+C(s)G_n(s)}\right]=G_n(s)\mathrm{e}^{-\tau_n s}\left[1-\frac{C(s)G_n(s)\mathrm{e}^{-\tau_n s}}{1+C(s)G_n(s)}\right] \tag{2-11}$$

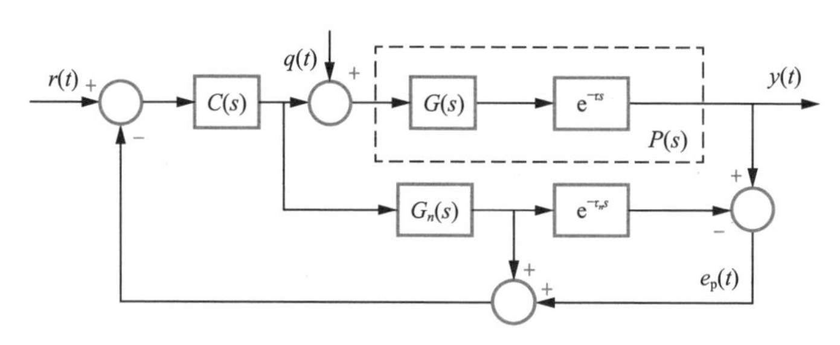

图 2-6　Smith 预估补偿算法

Smith 预估补偿算法的等价结构如图 2-7 所示。

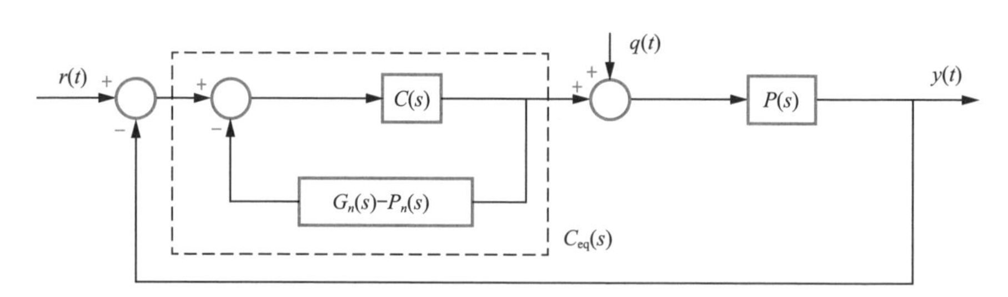

图 2-7　Smith 预估补偿算法的等价结构

根据图 2-7，得到

$$C_\mathrm{eq}(s)=\frac{C(s)}{1+C(s)\left[G_n(s)-P_n(s)\right]} \tag{2-12}$$

若以 FOPDT 模型为例，$P_n(s)=\dfrac{K_\mathrm{p}}{1+sT_\mathrm{p}}\mathrm{e}^{-\tau s}$，$G_n(s)=\dfrac{K_\mathrm{p}}{1+sT_\mathrm{p}}$。PI 控制器

$C(s)=\dfrac{K_c(1+T_i s)}{T_i s}$，其中 $T_i=T_p$，则等价控制器为

$$C_{eq}(s)=\frac{K_c(1+T_p s)}{T_p s+K_c K_p(1-e^{-\tau s})} \tag{2-13}$$

将纯迟延环节 $e^{-\tau s}$ 采用 Pade 近似展开，即 $e^{-\tau s}=\dfrac{1-0.5\tau s}{1+0.5\tau s}$，则有

$$C_{eq}(s)=\frac{k_c(1+T_i s)(1+T_d s)}{T_i s(1+\alpha T_d s)} \tag{2-14}$$

若等价为式（2-8）的 PID 控制器，则 $T_i=T_p$，$T_d=0.5\tau$，$\alpha=\dfrac{T_p}{T_p+K_1K_p\tau}$，$k_c=\dfrac{T_pK_c}{K_cK_p\tau+T_p}$。同样，加入幅值 0% ～ 100%，限速 2% 的控制约束，仿真时间 100s 时，以式（2-1）所示系统为对象，对图 2-6 所示系统进行阶跃响应分析。图 2-8、图 2-9 是模型匹配时 Smith 预估补偿算法的仿真结果。图 2-8 控制器作用较弱，$K_c=0.6$，$K_i=0.008$；图 2-9 控制器作用较强，$K_c=0.975$，$K_i=0.013$。由此可知，控制约束对控制器作用强的系统影响很大，使系统调节过程变慢，并产生超调。图 2-8 中控制器输出作用较弱，控制约束的加入使系统的闭环特性得到改善，加快了系统的响应速度。

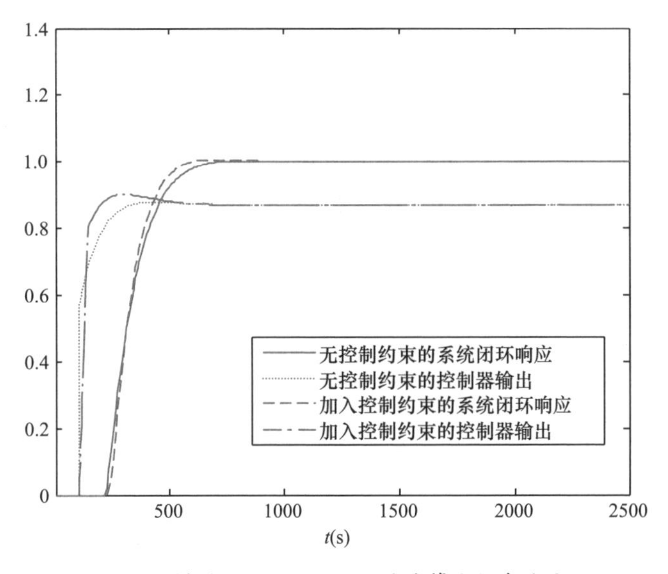

图 2-8　模型匹配 Smith 预估补偿算法仿真结果 1

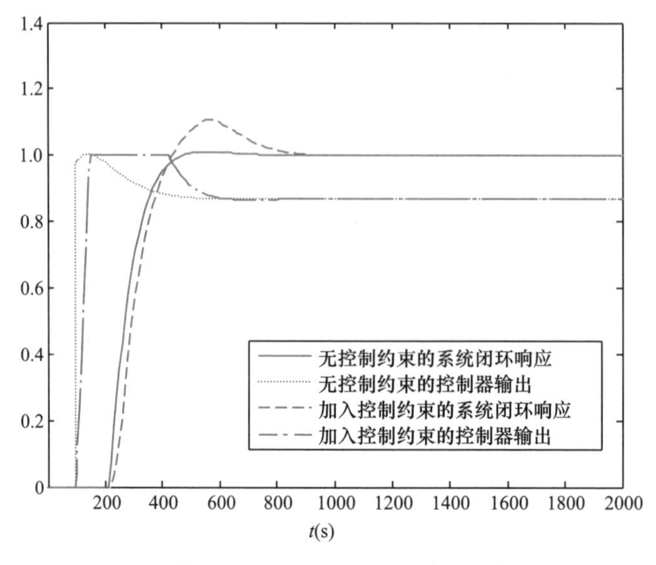

图 2-9　模型匹配 Smith 预估补偿算法仿真结果 2

为了考量模型失配时控制约束对 Smith 预估补偿算法的影响，对预估模型 $G_n(s)$ 各项参数分别增大、减小 20%，进行仿真试验，结果如图 2-10、图 2-11 所示。由于控制器作用越强，控制约束对系统的影响越大，所以当模型失配时，选择强作用控制器进行试验。由图 2-10 可知，加入控制约束后，系统的

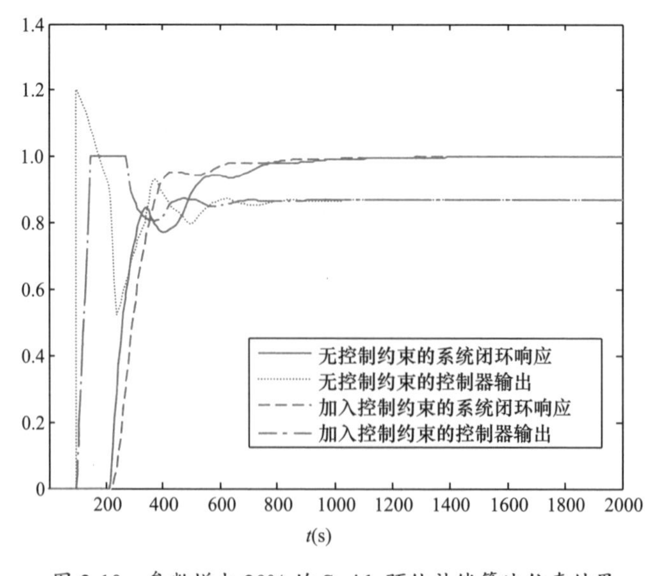

图 2-10　参数增大 20% 的 Smith 预估补偿算法仿真结果

闭环特性明显改善，控制约束在模型失配情形下对 Smith 预估控制的闭环特性也有积极影响。在实际应用和理论研究中，可以利用控制约束和模型失配来改善系统闭环特性。由图 2-11 可知，模型参数减小 20%，控制约束的加入虽然使系统调节过程变慢，但是超调量明显减小、振荡减弱。

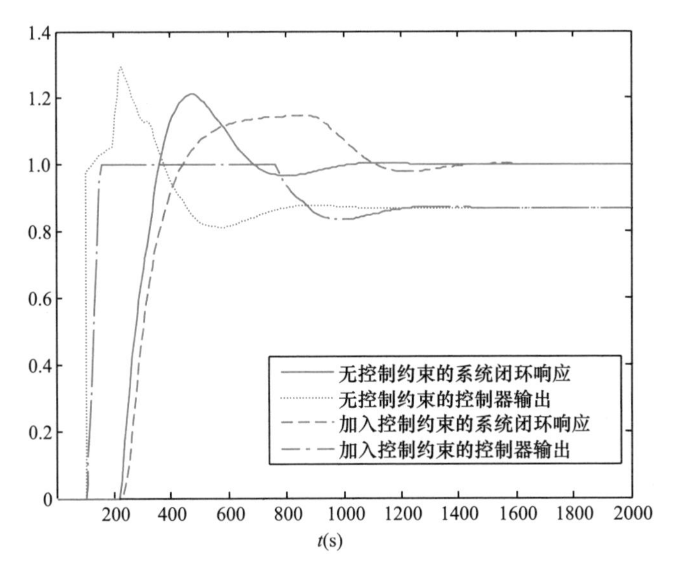

图 2-11　参数减小 20% 的 Smith 预估补偿算法仿真结果

三、内模控制

内模控制是一种基于对象数学模型进行控制器设计的新型控制策略，系统结构如图 2-12 所示。Smith 预估控制也可以看作是内模控制的一种特殊形式。图 2-12 中，如果 $P_{\mathrm{m}}(s)=G_{\mathrm{m}}(s)\mathrm{e}^{-\tau s}=P(s)$，则 $C(s)=P^{-1}(s)$。为了增加系统的鲁棒性，在控制通道增加一个低通滤波器 $F(s)=\dfrac{1}{1+sT_{\mathrm{f}}}$（$T_{\mathrm{f}}$ 为滤波器时间常数），则 $G_{\mathrm{c}}(s)=F(s)C(s)=F(s)P^{-1}(s)$。通常，可以用 $G_{\mathrm{m}}^{-1}(s)$ 代替 $P^{-1}(s)$，则 $G_{\mathrm{c}}(s)=F(s)C(s)=F(s)G_{\mathrm{m}}^{-1}(s)$。如果将图 2-12 所示的内模控制等价为一个负反馈系统，则等价的内模控制器为

$$G_{\mathrm{IMC}}(s)=\frac{F(s)G^{-1}{}_{\mathrm{m}}(s)}{1-F(s)G^{-1}{}_{\mathrm{m}}(s)P_{\mathrm{m}}(s)} \tag{2-15}$$

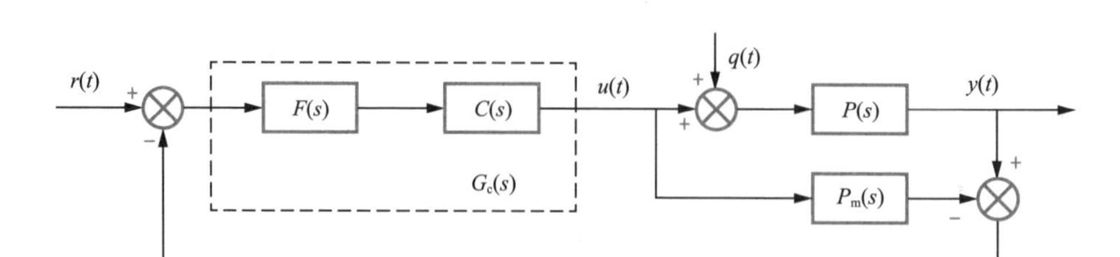

图 2-12　内模控制系统

将纯迟延环节 $e^{-\tau s}$ 用 Pade 近似展开，即 $e^{-\tau s}=\dfrac{1-0.5\tau s}{1+0.5\tau s}$，以 FOPDT 模型为例，$P_m(s)=\dfrac{K_p}{1+sT_p}e^{-\tau s}=\dfrac{K_p(1-0.5\tau s)}{(1+sT_p)(1+0.5\tau s)}$，$G_m^{-1}(s)=\dfrac{1+sT_p}{K_p}$。

若将控制器 $G_{IMC}(s)$ 等价为式（2-8）所示系统的 PID 控制器，则 $K_c=\dfrac{T_p}{K_p(\tau+T_f)}$，$T_i=T_p$，$T_d=0.5\tau$，$\alpha=\dfrac{T_f}{\tau+T_f}$。

在控制器输出端加入幅值 0% ～ 100%、限速 2% 的控制约束，仿真时间为 100s 时，以式（2-1）所示系统为对象，对图 2-12 所示系统进行阶跃响应分析，结果如图 2-13 ～图 2-16 所示。图 2-13 所示系统控制作用较弱，图 2-14 所示系统控制作用较强，可见当模型匹配时，不论控制器输出作用强还是弱，控制

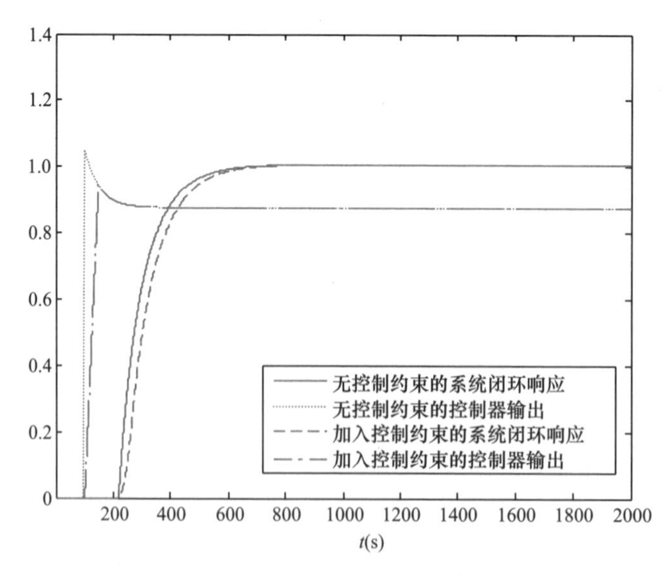

图 2-13　模型匹配内模控制仿真结果 1

约束都使系统调节过程变缓，系统上升时间变长，但是调节时间并没有明显延缓。当预估模型 $G_m(s)$ 参数增大、减小 20% 时，控制约束的加入使系统调节过程变缓，系统上升时间增长、振荡减弱，但调节时间并没有延缓。总之，控制约束改善了系统的动态特性。

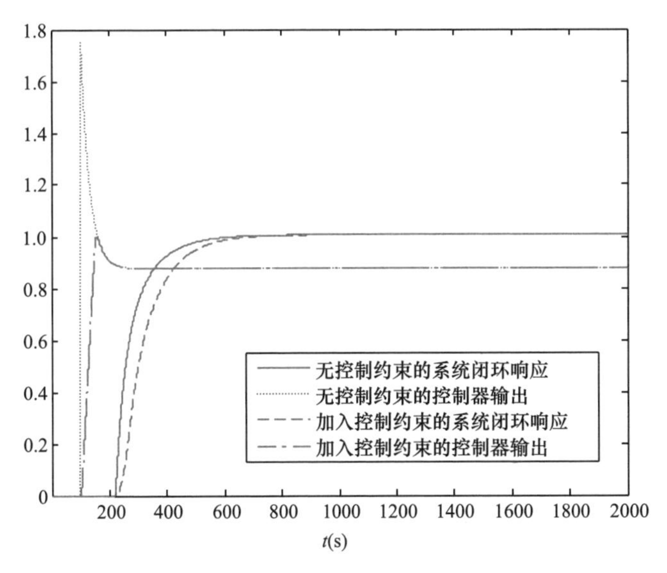

图 2-14　模型匹配内模控制仿真结果 2

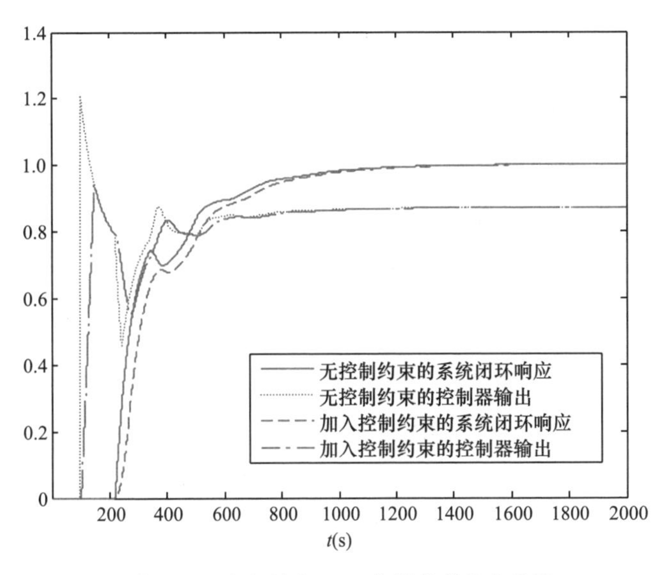

图 2-15　参数增大 20% 内模控制仿真结果

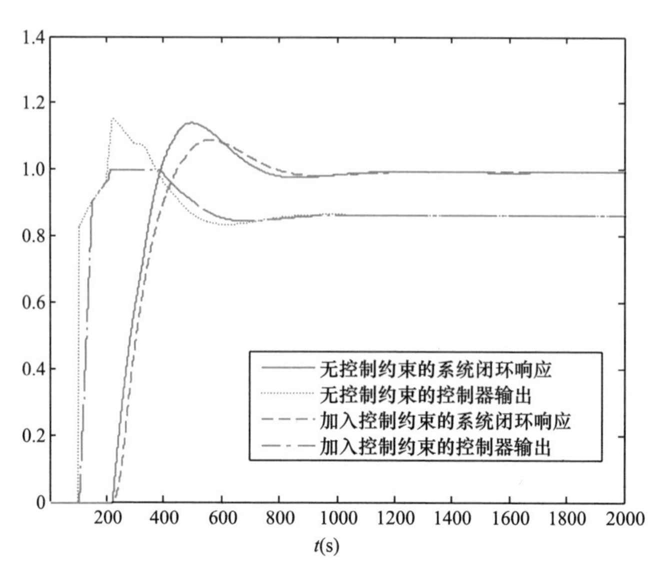

图 2-16　参数减小 20% 内模控制仿真结果

四、小结

（1）控制器作用越强，控制约束对系统的影响越大。控制约束限制作用会使系统调节过程变缓，甚至产生振荡。合理整定控制器参数，利用控制约束可以改善系统的闭环特性。一般情况下，为了避免控制约束的影响，在系统参数整定时，应当使控制器的作用相对弱一些。

（2）由仿真试验可知，在模型失配时，控制约束的加入可以改善系统的闭环特性。因此，合理利用控制约束克服模型失配对系统动态性能的影响，是改善 Smith 预估控制闭环特性的有效途径。

第二节　过热蒸汽温度 Smith 预估多目标优化

由于具有高阶惯性、非线性、分布参数广及影响因素多等特点，如何在各种负荷工况下较好地控制过热蒸汽温度一直是火电厂的重要研究课题。为此，许多学者对主蒸汽温度控制方案进行研究，并取得不错的效果，例如模糊神经网络非线性预测控制、基于非线性模型的多变量预测控制、神经网络多变量预测控制、H-Infinity 状态反馈控制等。尽管这些新型控制策略可在一定程度上改善控制效果，但一直没能得到推广应用。其原因主要包括两方面：①算法复杂，组态困难，不易在分散控制系统（DCS）中实现；②与 PID 相比，这些复杂控制策略难以调试，而且鲁棒性不强。

Smith 预估器可有效补偿被控过程的滞后，由于其物理意义明确，调试简单，在实际生产中得到广泛应用。然而，许多研究及应用表明，Smith 预估器对模型变化适应能力差。目前很多研究都是以提高模型精确度为出发点的，如何利用模型失配来达到改善 Smith 预估控制系统性能的目的，是解决问题的新思路。

由于对象的非线性和不确定性，Smith 预估补偿器在应用中不可避免地要受到模型失配的限制。本节详细分析了 Smith 预估模型参数对控制系统性能的影响，提出了一种 Smith 预估模型参数多目标优化整定的控制方案，利用模型失配改善了控制系统的性能。针对火电厂过热蒸汽温度系统高阶、大惯性及非线性特点，设计了一种基于串级 PID 的 Smith 预估器参数多目标自调整优化控制系统。通过对某 600MW 超临界火电机组过热蒸汽温度系统进行仿真控制，结果表明，该方案具有良好的鲁棒性能，可以有效克服系统的非线性，控制效果明显好于常规的串级 PID 控制和参数匹配的 Smith 预估控制系统。

一、Smith 预估模型参数分析

Smith 预估控制系统结构如图 2-17 所示。

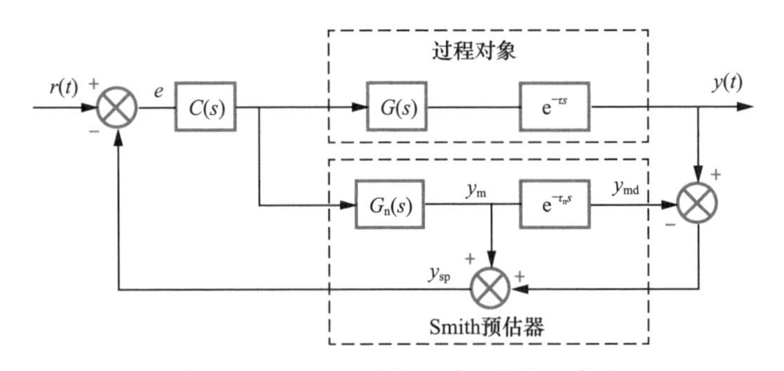

图 2-17　Smith 预估控制系统结构示意图

记：过程对象 $G(s)=G_p(s)=\dfrac{K_p}{1+T_p s}$， $e^{-\tau s}=e^{-sL_p}$，预估模型中 $G_n(s)=G_m(s)$，

$e^{-\tau_n s}=e^{-sL_m}$，则其输出的传递函数为

$$\begin{aligned}\frac{y(s)}{r(s)}&=\frac{C(s)G(s)e^{-\tau s}}{1+C(s)G_n(s)+C(s)[G(s)e^{-\tau s}-G_n(s)e^{-\tau_n s}]}\\&=\frac{C(s)G_p(s)e^{-sL_p}}{1+C(s)G_m(s)+C(s)[G_p(s)e^{-sL_p}-G_m(s)e^{-sL_m}]}\end{aligned} \tag{2-16}$$

若 Smith 预估器参数与实际过程参数一致，即 $G_m(s)=G_p(s)$，$L_m=L_p$，上面传递函数变为

$$\frac{y(s)}{r(s)}=\frac{C(s)G_p(s)e^{-sL_p}}{1+C(s)G_p(s)} \tag{2-17}$$

这样，设计控制系统时就不再考虑系统的迟延了，这也正是 Smith 预估器的最大优点。但是由于过程对象的非线性和不确定性，Smith 预估模型与实际过程很难保持一致。

有许多学者认为模型失配会使 Smith 预估控制性能变差，甚至影响系统稳定性，但文献 [19] 提出了利用模型失配改善控制系统性能的 Smith 预估器参数优化方法。文献 [20] 指出控制系统对于 Smith 预估模型的敏感性取决于系统的标称化参数 K_τ。$K_\tau<0.74$ 时，直接使用 PI 控制器或通过负的预估器增益调整系统性能；当 $K_\tau>2.5$ 时，控制系统性能对 Smith 预估模型参数变化极为敏感，预估器必须与对象一致。对于中间值的 K_τ，可以利用预估器参数不匹配来改善控制系统性能。文献 [20] 给出了利用单个参数不匹配进行优化的拟合公式。

对于常见的一阶惯性迟延模型（FOPDT）

$$G_{pd}(s)=\frac{K_p}{1+T_p s}e^{-\tau s} \tag{2-18}$$

设计 Smith 预估器为

$$G_{md}(s)=\frac{K_m}{1+T_m s}e^{-sL_m}=\frac{aK_p}{1+bT_p s}e^{-scL_p} \tag{2-19}$$

其中，参数 a、b、c 是表征 Smith 预估器与过程模型不匹配程度的系数，都为 1 时，模型完全匹配。

定义控制系统的标称化参数为

$$K_\tau=K_{c2}K_pL_p/T_p \tag{2-20}$$

其中，K_{c2} 为式（2-22）所示 PI 控制器的比例增益，由式（2-20）可知，当对象确定时，标称化系数 K_τ 取决于 PI 控制器的参数，即

$$C_1(s)=K_{c1} \tag{2-21}$$

$$C_2(s)=K_{c2}(1+\frac{1}{T_i s}) \tag{2-22}$$

对单个 Smith 预估器参数优化的拟合公式为

$$b=\left.\frac{T_m}{T_p}\right|_{opt}=\frac{2.226K_\tau+0.1}{2.136K_\tau+1.0} \tag{2-23}$$

$$a=\left.\frac{K_m}{K_p}\right|_{opt}=\frac{1.688K_\tau-1.0}{1.566K_\tau-0.05}b \tag{2-24}$$

当 $K_\tau>0.74$ 时

$$c=\left.\frac{L_m}{L_p}\right|_{opt}=\frac{1.387K_\tau-1.0}{1.135K_\tau-0.358} \tag{2-25}$$

当 $K_\tau\leqslant 0.74$ 时

$$c=\left.\frac{T_m}{T_p}\right|_{opt}=0$$

某电厂在 100% 工况下过热蒸汽温度控制系统辨识得到的 FOPDT 模型如式（2-26）所示，以式（2-26）为例对 Smith 预估控制系统进行仿真研究，即

$$G_{pd}(s)=\frac{1.22}{1+60s}e^{-65s} \tag{2-26}$$

首先，采用文献 [20] 给出的方法及步骤对 Smith 预估控制系统进行参数整定及仿真研究：根据式（2-19）～式（2-25）计算 Smith 预估器优化参数，结果如下：$K_{c2}=0.5, K_u=0.97, K_\tau=1.282$，$a=0.47$，$b=0.79$，$c=0.71$，相应的阶跃响应曲线如图 2-18 所示。曲线 1 为模型匹配时的情况，曲线 2、3、4 分别为增益、时间常数、迟延时间按式（3-5）～式（3-7）优化后的情况。由此可知，采用 Smith 预估器参数不匹配的方法，可以改变控制系统的性能。参数优化后，系统的响应速度明显提高。

为了更加清楚地分析 Smith 预估器参数变化对系统控制性能的影响，分别对增益、时间常数、迟延时间变化时的情况进行仿真。其阶跃响应曲线的对比

情况如图 2-19 ～图 2-21 所示。

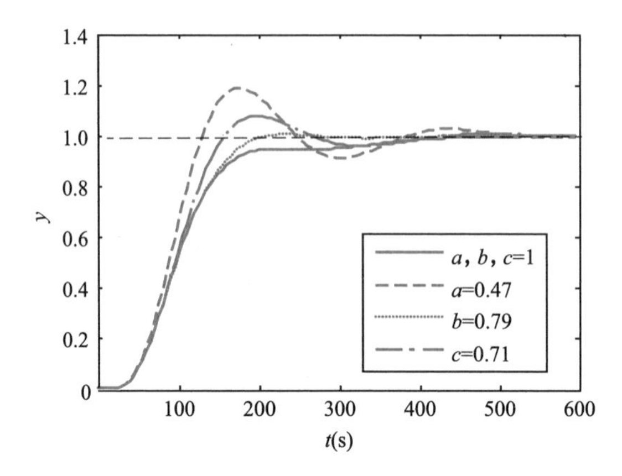

图 2-18　Smith 预估控制系统阶跃响应曲线

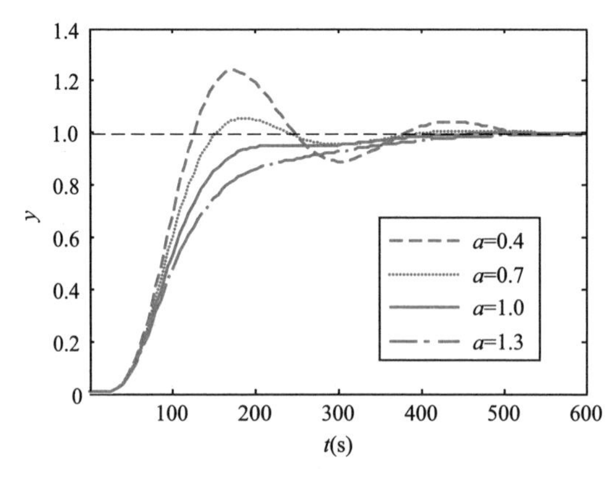

图 2-19　Smith 预估器增益不匹配

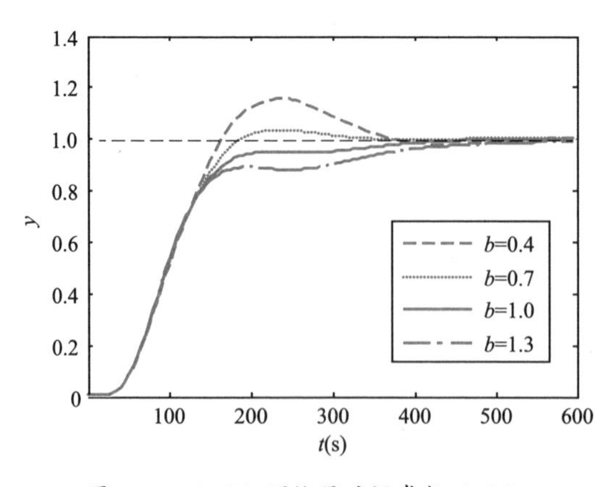

图 2-20　Smith 预估器时间常数不匹配

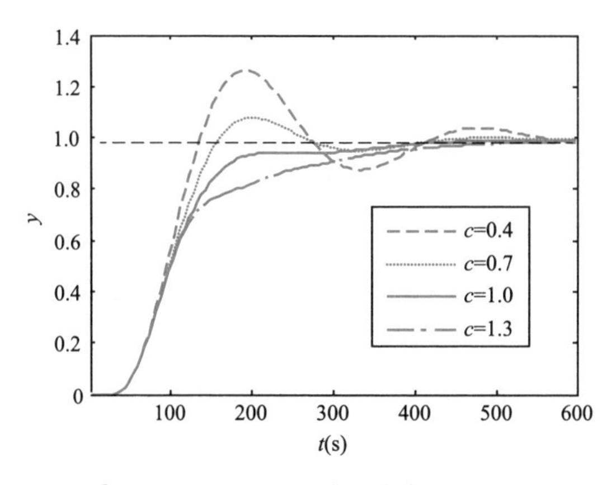

图 2-21 Smith 预估器迟延时间不匹配

由图 2-19 ～图 2-21 可知，单独改变 Smith 预估器任一参数，若参数变小，系统的响应速度提高，但可能产生超调。其中，改变增益或迟延时间效果更加明显。Smith 预估器的作用是提供一个比过程超前的反馈量，通过模型不匹配优化控制系统性能，实质上就是通过改变 Smith 预估器参数来改变补偿效果，从 Smith 预估器输出的变化可以更清楚地理解这一点。

对于图 2-17 所示的系统，控制器选择为 PI 控制器如式（2-22）所示，由 Smith 预估器产生的反馈量为

$$y_{sp} = y_m - y_{md} = \frac{K_m}{1+T_m s}(1-e^{-sL_m}) \tag{2-27}$$

PI 控制器入口偏差为

$$e = u - y - y_{sp} \tag{2-28}$$

图 2-22 ～图 2-24 所示为 Smith 预估器参数变化时，系统反馈量的对比曲线。图 2-22 中，增益减小时，预估器输出减小，PI 控制器入口偏差 e 增大，控制系统响应速度加快。在极限情况下，增益为 0 时，Smith 预估器失去作用，Smith 预估控制系统变成常规的串级 PID 系统。图 2-24 中，迟延时间变小时，Smith 预估器作用减弱，控制系统响应速度加快。图 2-23 中，时间常数减小时，Smith 预估器作用增强，假如 PI 控制器积分时间 T_i 是固定的，$T_i = T_p$，控制系统响应速度将会变慢，但由于 $T_i = T_m$，PI 调节器积分作用增强，最终结果致使系统的响应速度加快。

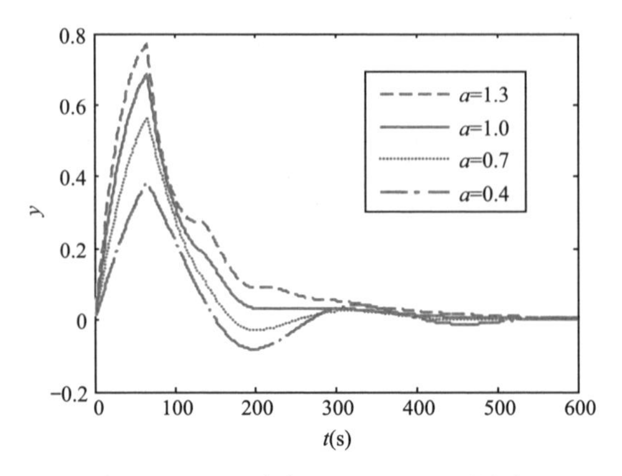

图 2-22 不同增益下 Smith 预估器输出

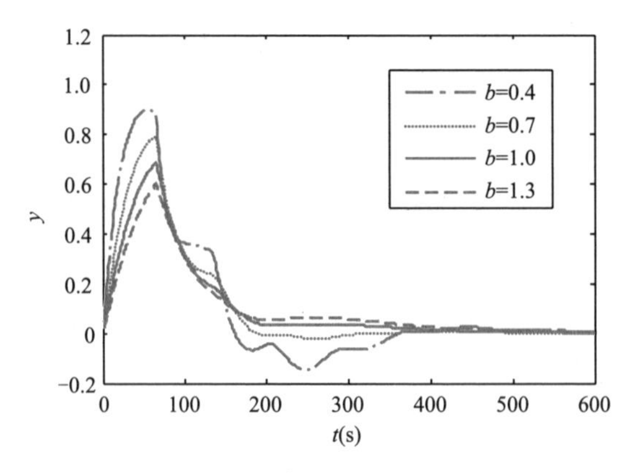

图 2-23 不同时间常数下 Smith 预估器输出

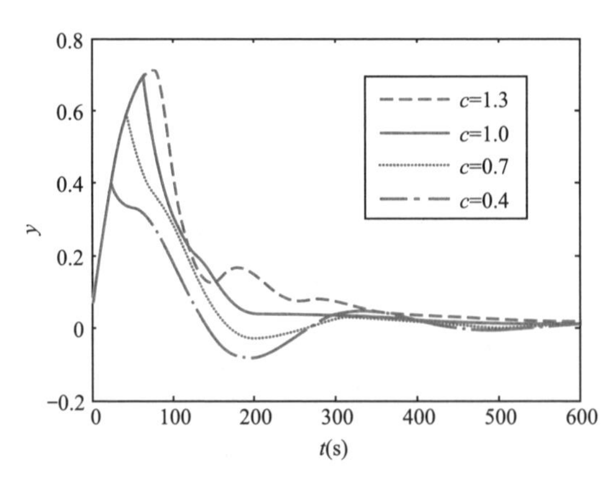

图 2-24 不同迟延时间下 Smith 预估器输出

二、PI 控制器参数整定

文献 [20] 根据标称化参数 K_τ 大小把系统划分为不同类型，对 Smith 预估控制系统设计具有很好的指导作用。所给出的参数优化公式可以用来对不匹配的单个参数进行优化。

当 Smith 预估器三个参数都不匹配时，如何得到最优组合需要进一步研究。另外，这些优化公式是以 ISE 作为目标函数得到的，不能满足工业过程对控制系统稳定性、准确性、快速性多个目标的要求。

本文选用 Deb 提出的 NSGA-Ⅱ多目标寻优方法 [21] 同时对 Smith 预估器的三个参数进行优化。优化 Smith 预估器之前首先要对 PI 控制器的比例系数进行整定，确保系统 K_τ 值处于合适区间。文献 [20] 是按照比例调节器的 Z-N 公式进行整定的。Kayam 给出了利用 FOPDT 模型整定 PI 控制器参数的公式 [22]，即

$$K_{c2} = \frac{T_p}{K_p L_p} \tag{2-29}$$

$$T_i = T_p \tag{2-30}$$

对于迟延较大、时间常数及增益较小的系统，为了增加控制器响应速度引入修正系数 α，$0.2 < \alpha \leqslant 1$，式（2-29）修正为

$$K_{c2} = \frac{T_p}{\alpha K_p L_p} \tag{2-31}$$

按式（2-29）、式（2-30）对式（2-26）所示对象的 PI 控制器参数进行整定得 $K_{c2} = 0.7566$，$T_i = 60$。

系统在不同 α 下的阶跃响应及控制器输出如图 2-25、图 2-26 所示。由图 2-25、图 2-26 可知，减小 α 可以增加控制系统的响应速度，但 α 太小时，调节器输出可能达到限幅，甚至出现震荡（图 2-26 中 $\alpha = 0.4$ 时），使调节效果变差。

利用 Smith 预估器参数不匹配提高控制系统响应速度则不存在这样的问题。图 2-27 所示为改变 Smith 预估器参数后 PI 调节器输出。

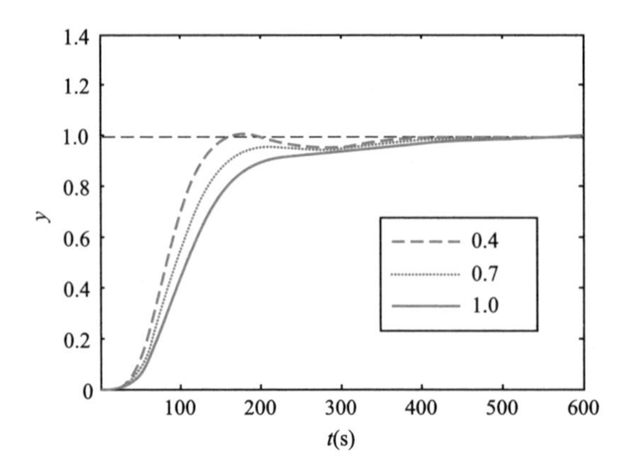

图 2-25　不同 α 下的阶跃响应

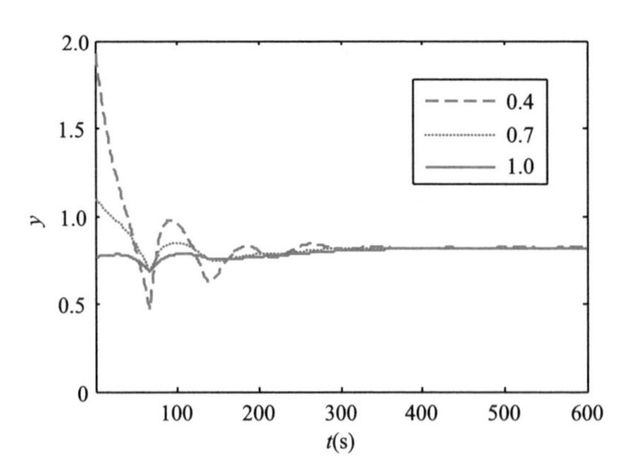

图 2-26　不同 α 下 PI 控制器的输出

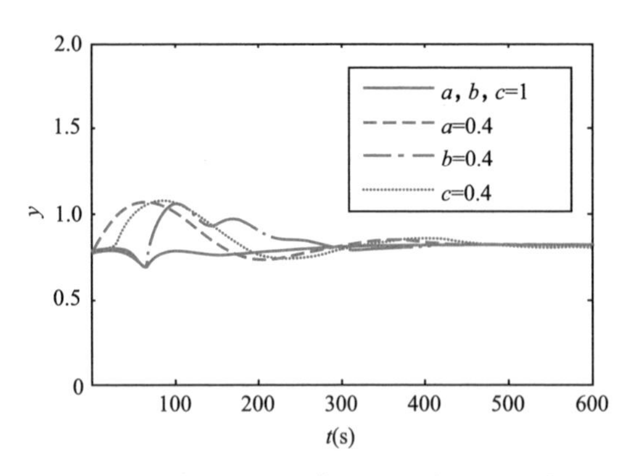

图 2-27　不同预估器参数下 PI 控制器输出

对比图 2-26 和图 2-27 可知，虽然调整 Smith 预估器参数和调整 PI 控制器的比例系数都能改变控制系统性能，但调整 Smith 预估器参数的方法更符合生产实际的需求，因为 PI 控制器的输出容易出现越限和震荡。

K_τ 是 Smith 预估控制系统的重要参数，采用合适的 K_τ 可以保证控制系统性能对模型不敏感，并可通过模型不匹配来优化控制系统。当过程确定后，K_τ 的大小取决于 PI 控制器的比例系数。因此，如何整定 PI 控制器的参数将影响 Smith 预估控制系统的性能。

由式（2-19）和式（2-29）可知，采用文献 [22] 的 PI 控制器整定方法 K_τ=1.0，正好处于合适的区间。

三、Smith 预估模型参数多目标优化

对控制系统进行参数优化时，通常可以采用两种类型的系统性能目标函数。一类是误差积分函数，另一类是工业控制指标函数。在频域进行理论计算或分析时，使用最多的是 ISE，因为可以直接利用传递函数计算出目标函数。对用仿真方法进行优化时，则不受限制，可以采用任何形式的目标函数。按照工业过程对控制系统稳定性、准确性、快速性的要求进行多目标优化时，目标函数可以选择如下

$$\min \quad y = F(x) = [f_1(x), f_1(x)]^{\mathrm{T}} \tag{2-32}$$

$$\mathrm{s.t} \quad \phi(x) \geqslant 0.75 \tag{2-33}$$

$$f_1(x) = M_{\mathrm{p1}} + 4M_{\mathrm{p2}} + 8M_{\mathrm{p3}} \tag{2-34}$$

$$f_2(x) = T_{\mathrm{up}} \tag{2-35}$$

$$x = (a,b,c) \tag{2-36}$$

a、b、c 为式（2-19）中的模型不匹配系数，$\phi(x)$、M_{p}、T_{up} 分别为控制系统阶跃响应的衰减率、动态超调量、上升时间，代表了控制系统的稳定性、准确性和快速性。对于图 2-28 所示的典型阶跃响应曲线，其计算公式如式（2-37）～式（2-40）所示，I_{g} 为定值阶跃大小。为了减小调节过程的波动，f_1 可选取为多个波峰、波谷点的动态超调量加权平均。

$$M_{\mathrm{p1}} = \frac{y_{m1} - I_{\mathrm{g}}}{I_{\mathrm{g}}} \times 100\% \tag{2-37}$$

$$M_{\mathrm{p2}} = \frac{I_{\mathrm{g}} - y_{n1}}{I_{\mathrm{g}}} \times 100\% \tag{2-38}$$

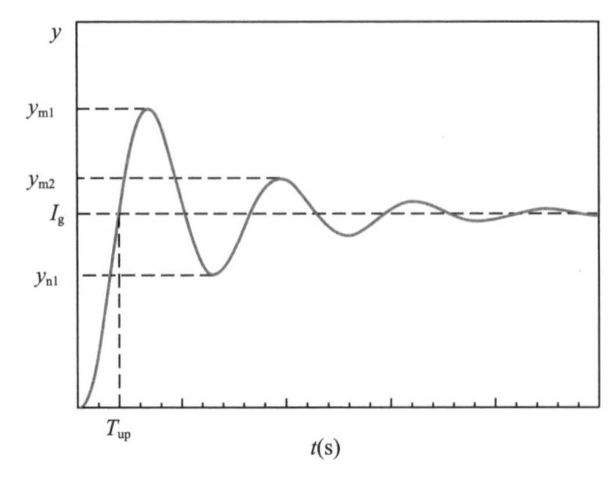

图 2-28　阶跃响应示意图

$$M_{p3}=\frac{y_{m2}-I_g}{I_g}\times 100\% \tag{2-39}$$

$$\phi(x)=\frac{y_{m1}-y_{m2}}{y_{m1}-I_g}=\frac{M_{p1}-M_{p3}}{M_{p1}} \tag{2-40}$$

将式（2-26）作为过程模型，式（2-19）作为 Smith 预估器，采用文献 [21] NSGA- Ⅱ多目标寻优方法对式（2-19）中的 a、b、c 进行优化。以式（2-23）～式（2-25）的计算结果作为参考，a、b、c 的寻优范围取为 [0，2]，得到的多目标优化结果组成的 Pareto 前沿面，如图 2-29 所示。

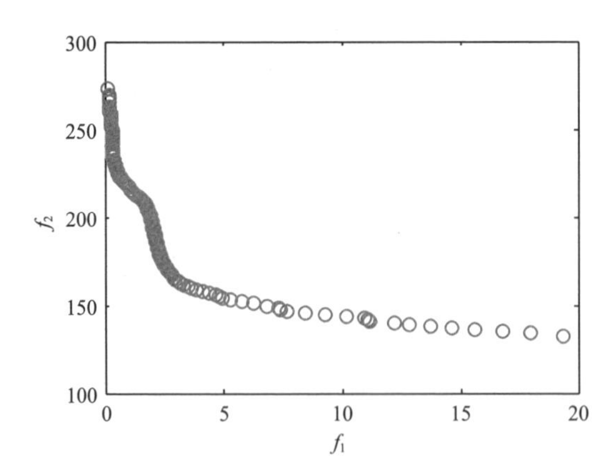

图 2-29　NSGA- Ⅱ非支配解组成的 Pareto 前沿面

针对式（2-26）所示的控制对象，在多组寻优结果中，选择满足 $M_{p1}<5$，T_{up} 最小的一组参数（a，b，c）作为最终优化参数。由于式（2-34）的加权系数已经考虑了控制系统的稳定性要求，直接采用式（2-32）得到的寻优结果一

般都满足式（2-35）的约束条件，所以该条件可以去掉。

Smith 预估器优化结果为：a=0.5296，b=0.6051，c=1.5430，需要注意，与单变量优化结果区别最大的是，$c>1.0$。

文献 [21]NSGA-Ⅱ优化结果与模型匹配时的结果对比如图 2-30 所示。曲线 2、4 为模型匹配 $\alpha=0.35$ 时的输出和 PI 控制器输出，曲线 1、3 为 NSGA-Ⅱ优化后的结果。单从系统输出来看，NSGA-Ⅱ优化结果并不明显，但从 PI 输出看，曲线 4 阶跃过大，并出现了抖动，这在实际控制系统中是应该尽量避免的。NSGA-Ⅱ优化后的控制器输出则非常平缓。

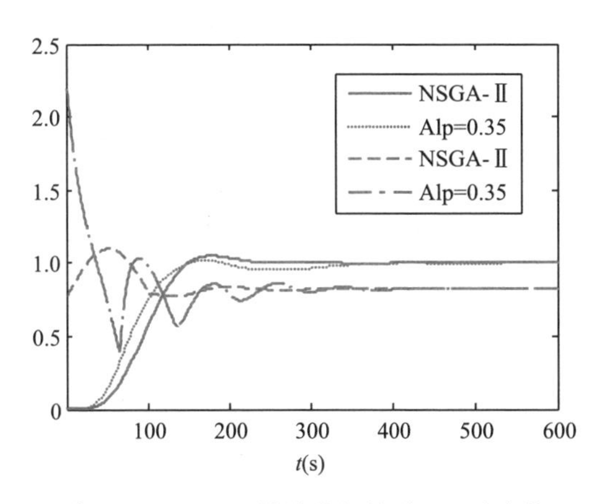

图 2-30　NSGA-Ⅱ结果与模型匹配时比较

文献 [21]NSGA-Ⅱ优化结果与式（2-23）～式（2-25）单变量优化结果对比如图 2-31 所示，NSGA-Ⅱ优化结果的阶跃响应曲线如图 2-31 中曲线 4 所示。曲线 1、2、3 为按式（2-23）～式（2-25）对单个参数优化后的阶跃响应。对比曲线可知，采用 NSGA-Ⅱ方法得到的优化结果是单个参数优化结果的综合，具有响应快、超调量小，控制器输出变化平缓的优点，控制系统的性能明显优于单变量优化结果。

当 a=0 时，Smith 预估器失去作用，控制系统变成常规串级 PID 控制（串级 PID 控制系统见图 2-1）。分别采用 Z-N 方法、Cohn-coon 方法、R-ZN[23] 方法对常规 PID 控制器参数进行整定后，阶跃响应曲线对比如图 2-32 所示。由此可知，对于式（2-26）所示的对象，采用常规串级 PID 时，R-ZN 方法整定结果较好，Cohn-Coon 方法超调较多，Z-N 方法调整不足。无论采用哪种方法整定，串级 PID 控制效果都比 Smith 预估器优化控制差很多。

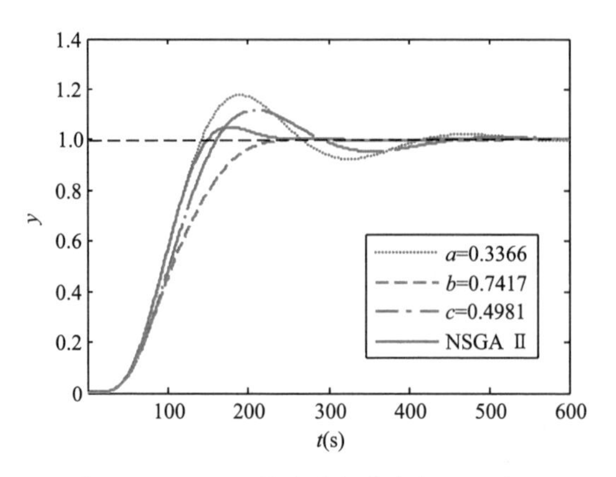

图 2-31　NSGA- Ⅱ结果与单参数优化对比

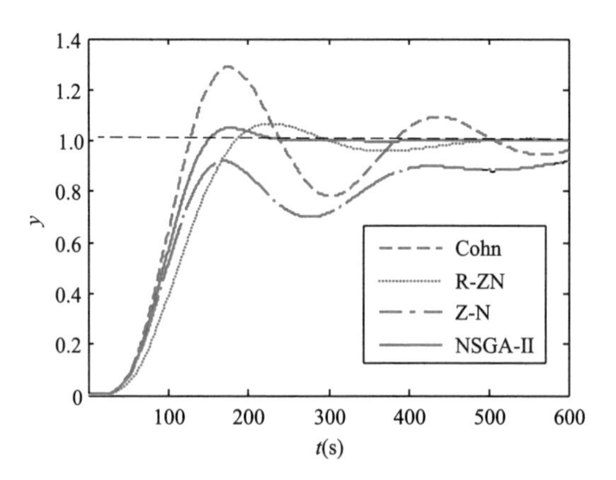

图 2-32　NSGA- Ⅱ结果与 PID 控制比较

采用各种方法整定的 PID 控制器参数、Smith 预估器参数及相应的阶跃响应曲线的特性参数对比见表 2-1。由表 2-1 中性能参数对比可知，采用 NSGA- Ⅱ优化的结果明显好于其他结果。

表 2-1　　Smith 预估优化控制与 PI 控制比较

Type		K_{c2}	T_i	M_{p1}	M_{p2}	T_{up}
SP	NSGA	0.76	36.3	4.7	−0.1	148
	$\alpha=0.35$	2.16	60	1.8	−4.8	149
PI	Cohn-coon	0.85	87	28.7	−22.1	127
	R-ZN	0.47	65	6.5	−4.3	184
	Z-N	0.79	189	−8.4	−30.3	—

四、Smith 预估模型多目标优化鲁棒性分析

由于工业过程一般具有时变性和不确定性，通过辨识得到的模型与实际过程会存在偏差。因此，Smith 预估模型参数优化控制的鲁棒性就显得非常重要。文献 [20] 中 Hang 按照 K_τ 值对 Smith 预估控制系统的分类很好地解释了这个问题。只要 K_τ 值合适，就可以保证 Smith 预估控制系统对模型不敏感。下面通过仿真研究对比 Smith 预估控制与 PI 控制对模型变化的敏感程度。PI 控制器参数采用表 2-1 中 R-ZN 方法整定结果。

将式（2-26）所示对象的增益、时间常数分别增、减 20% 或对象的阶次增、减一阶，对比 PI 控制系统及 Smith 预估控制系统的性能变化。相应的响应曲线如图 2-33 ～图 2-35 所示。

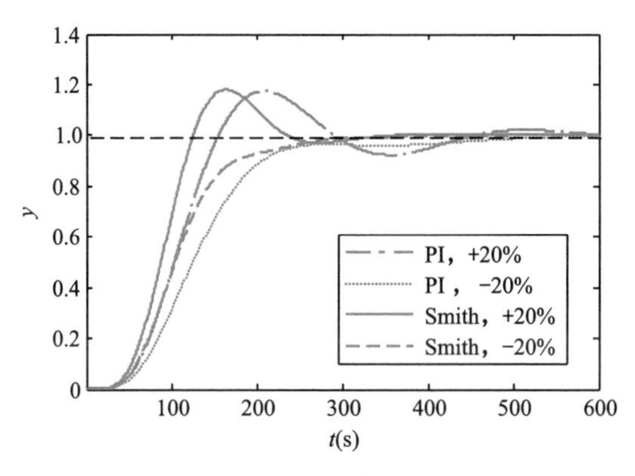

图 2-33　对象增益增、减 20% 后的结果

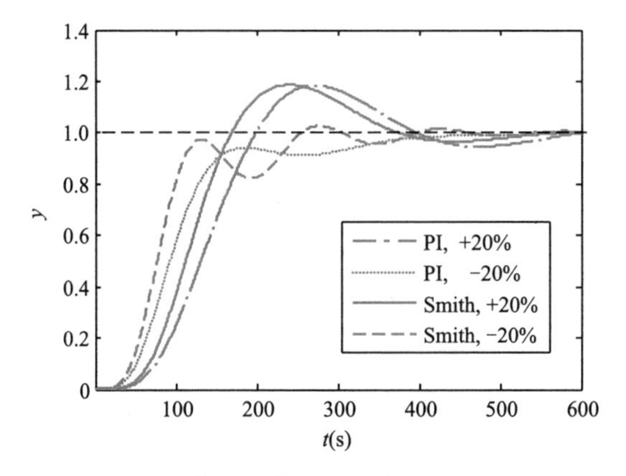

图 2-34　对象时间常数增、减 20% 后的结果

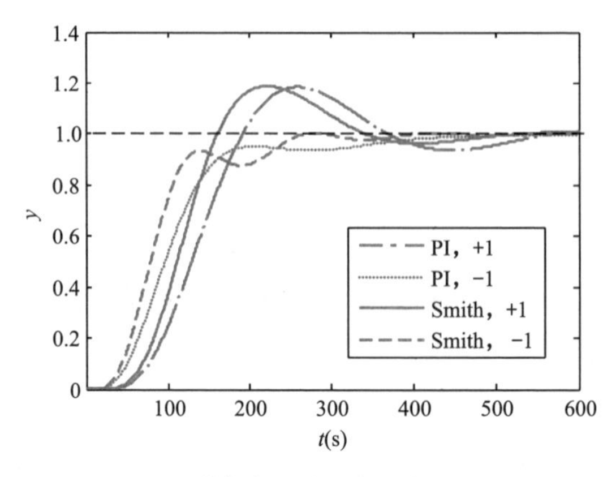

图 2-35　对象阶次增、减 1 阶后的结果

由图 2-33 ～图 2-35 可知，即使对象参数出现较大变化，Smith 预估器的控制效果仍然好于 PI 控制器，当对象时间常数或阶次变小时，Smith 预估器的波动略大于 PI 控制器，但仍然很快稳定，达到稳态值的时间小于 PI 控制器。

为了全面评估 Smith 预估模型参数变化对控制系统稳定性的影响，假定 Smith 预估器每个参数偏离设计值的最大幅度为 ±20%，采用 Monte Carlo 方法，对 200 组不同的 Smith 预估器三个参数的随机组合进行测试，阶跃响应曲线如图 2-36 所示，在最差的两种情况下，系统也能很快到达稳定状态，超调最大的曲线：M_{p1}=28%，T_{up}=130。

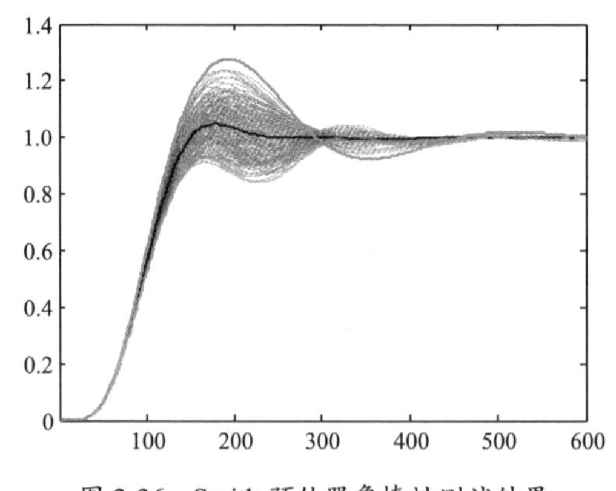

图 2-36　Smith 预估器鲁棒性测试结果

图 2-37 所示为采用 R-ZN 方法整定的 PI 控制器参数偏离设计值 ±20% 范围的 Monte Carlo 测试结果，超调最大的曲线：M_{p1}=30%，T_{up}=143。

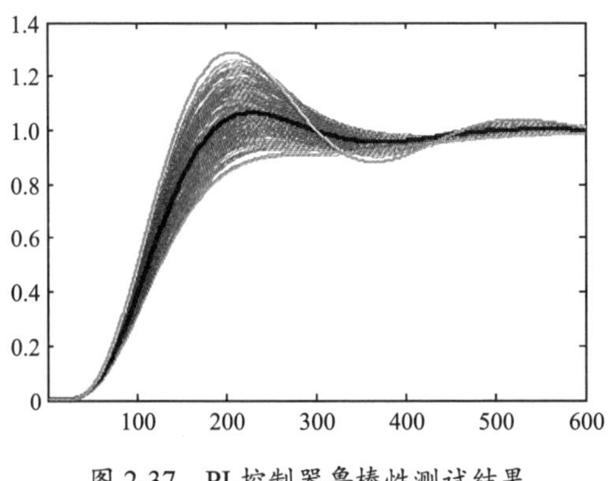

图 2-37　PI 控制器鲁棒性测试结果

当控制系统参数偏差在 ±20% 范围内时，采用 Monte Carlo 法对两种控制系统鲁棒性的测试结果对比表明，只要选择合适的 K_τ，Smith 预估器的控制效果明显优于 PI 控制器，其鲁棒性并不比 PI 控制器差。

五、过热蒸汽温度系统的 Smith 预估器参数多目标优化控制

某 600MW 超临界锅炉的过热蒸汽温度系统流程如图 2-38 所示，共有四级过热器，三级减温水，减温水来自省煤器之后的管道，图 2-38 中虚线为来自 DCS 的控制信号。对于直流锅炉，过热蒸汽温度的稳态值取决于水煤比，与喷水流量基本无关。要想得到稳定的过热蒸汽温度，首先要严格控制水煤比。但在变负荷过程中，由于过热蒸汽温度对水煤比的响应很慢，需要通过减温水流量进行动态调节。

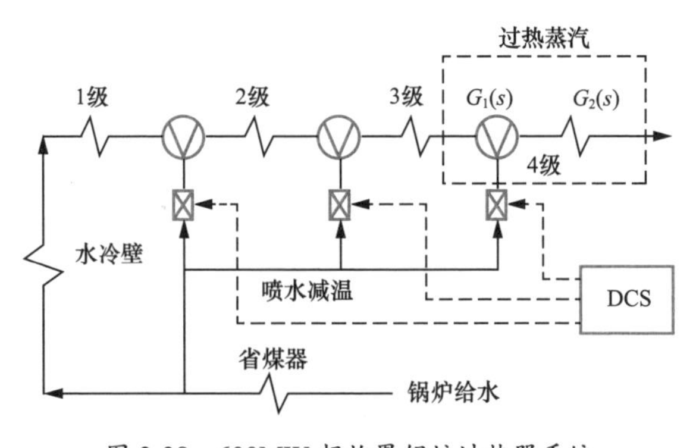

图 2-38　600MW 超临界锅炉过热器系统

$G_1(s)$ 为导前区减温器出口温度对减温水流量的传递函数，$G_2(s)$ 为惰性区过热蒸汽温度对入口蒸汽温度的传递函数。依据电厂实际运行数据，采用机理

建模法，辨识得到四种典型负荷下主蒸汽温度与减温水流量之间的传递函数模型，见表 2-2。

表 2-2　　蒸汽温度对喷水量扰动的传递函数

Load	减温器 $G_1(s)$	过热器 $G_2(s)$	K_{c1}
100%	$\frac{-0.815}{(1+18s)^2}$	$\frac{1.276}{(1+18.4s)^6}$	25.0
75%	$\frac{-1.657}{(1+20s)^2}$	$\frac{1.202}{(1+27.1s)^7}$	12.3
50%	$\frac{-3.067}{(1+25s)^2}$	$\frac{1.119}{(1+42.1s)^7}$	6.67
37%	$\frac{-5.072}{(1+28s)^2}$	$\frac{1.048}{(1+56.6s)^8}$	4.03

对于过热蒸汽温度系统的控制，目前绝大多数电厂仍是使用图 2-39 所示的串级 PID 控制，通常内环为式（2-21）所示的 P 控制器，外环为式（2-22）所示的 PI 控制器。图 2-39 所示虚线框中的对象称为广义被控对象 $G_{pd}(s)$，采用最小二乘等方法可以将广义被控对象拟合为式（2-18）所示的一阶惯性迟延模型（FOPDT），见表 2-3。

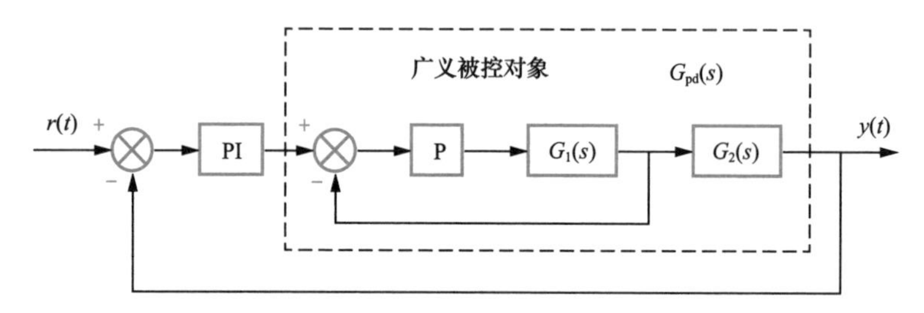

图 2-39　过热蒸汽温度串级 PID 控制系统

表 2-3　　过热器系统 FOPDT 模型

Load	$G_{pd}(s)$	L_p/T_p
100%	$\frac{1.22}{1+60s}e^{-65s}$	1.08
75%	$\frac{1.15}{1+95s}e^{-118s}$	1.30
50%	$\frac{1.07}{1+150s}e^{-183s}$	1.22
37%	$\frac{1.0}{1+214s}e^{-293s}$	1.36

在四种典型工况下，采用多目标优化方法对 Smith 预估器参数进行优化整定，其他工况下的系统参数采用线性插值处理。

以常规串级控制为基础，针对该 600MW 机组主蒸汽温度系统设计的 Smith 预估器参数多目标优化控制方案如图 2-40 所示。模块 $f(x)$ 为插值函数，$f_1(x)$-$f_5(x)$ 分别用于根据负荷计算相应工况下的内环 P 控制器的 K_{c1}、外环 PI 控制器的 K_{c2} 及 Smith 预估器参数修正 a、b、c。D、D_{100} 分别为当前负荷和 100% 负荷下的蒸汽流量。选取的几种测试工况模型见表 2-4。四种典型工况和四种测试工况下的 PI 控制器参数及 Smith 预估器参数见表 2-5，其中四种测试工况下的控制系统参数利用线性插值计算得到。

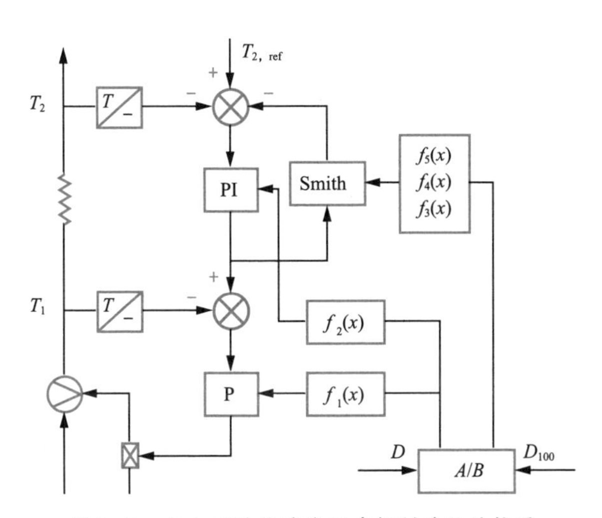

图 2-40　火电厂过热蒸汽温度控制系统结构图

表 2-4　几种测试工况的过程模型

Load	$G_1(s)$	$G_2(s)$
87%	$\frac{-1.25}{(1+19s)^2}$	$\frac{1.24}{(1+14s)(1+23s)^6}$
70%	$\frac{-1.94}{(1+21s)^2}$	$\frac{1.19}{(1+30s)^7}$
60%	$\frac{-2.50}{(1+23s)^2}$	$\frac{1.15}{(1+36s)^7}$
43%	$\frac{-4.15}{(1+27s)^2}$	$\frac{1.08}{(1+311s)(1+50s)^7}$

表 2-5　Smith 预估器参数多目标优化控制与串级 PID 控制系统参数及阶跃响应对比

Load	K_{c1}	Smith Predictor						PI			
		K_{c2}	a	b	c	Mp1	Tup	K_{c2}	Ti	Mp1	Tup
100%	25.0	0.7566	0.5496	0.5551	1.5530	4.50	149	0.471	65	6.49	184
75%	12.3	0.7001	0.5327	0.9052	2.7402	4.85	264	0.476	110,	6.60	319
50%	6.67	0.766	0.5126	1.4009	4.156	4.70	414	0.512	170	7.40	493
37%	4.03	0.7304	0.4930	2.0041	6.5242	4.97	650	0.523	257	7.25	767
87%	18.42	0.7272	0.5408	0.7372	2.1703	6.15	202	0.474	88.4	7.42	249
70%	11.21	0.7133	0.5287	1.0043	3.0234	5.15	293	0.483	122	6.97	353
60%	8.94	0.7396	0.5206	1.2026	3.5897	5.17	352	0.498	146	7.39	421
43%	5.25	0.7468	0.5020	1.7257	5.4312	6.0	530	0.518	217	8.02	631

四组典型负荷工况和四组中间测试负荷工况点的控制系统阶跃响应曲线如图 2-41、图 2-42 所示。

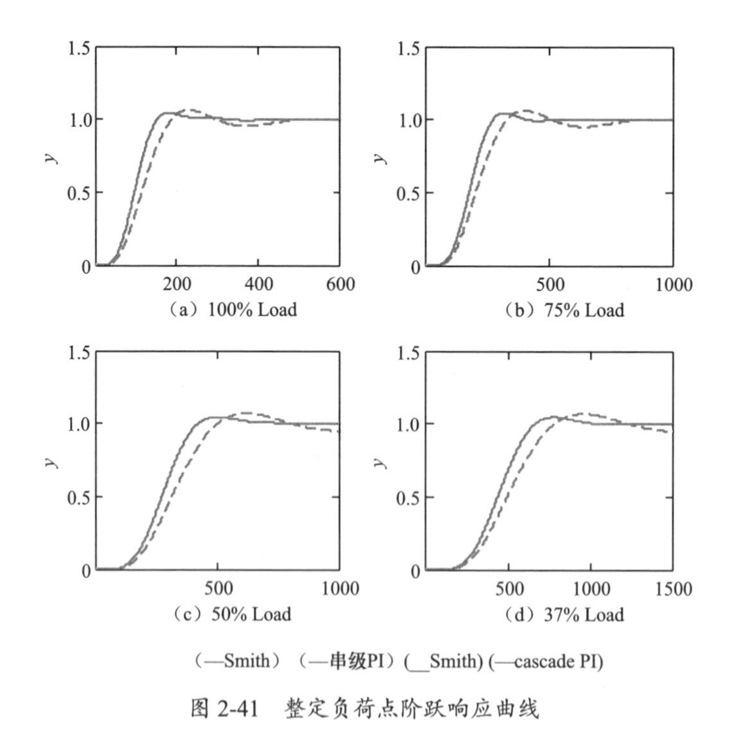

图 2-41　整定负荷点阶跃响应曲线

由图 2-41、图 2-42 及表 2-5 中的参数对比可知，Smith 预估器参数多目标优化控制，可以在很大程度上改善控制系统的性能。随着负荷的降低，过热器系统的迟延时间增长、惯性增大，加入 Smith 预估器的效果更加明显。例如，在 37% 负荷下，超调量由 7.25% 减小到 4.97%，上升时间由 767s 缩短到 650s。由几个测试工况可知，对于中间工况，Smith 预估控制系统的稳定性没有发生变化，其控制效果明显优于变参数的串级 PID。

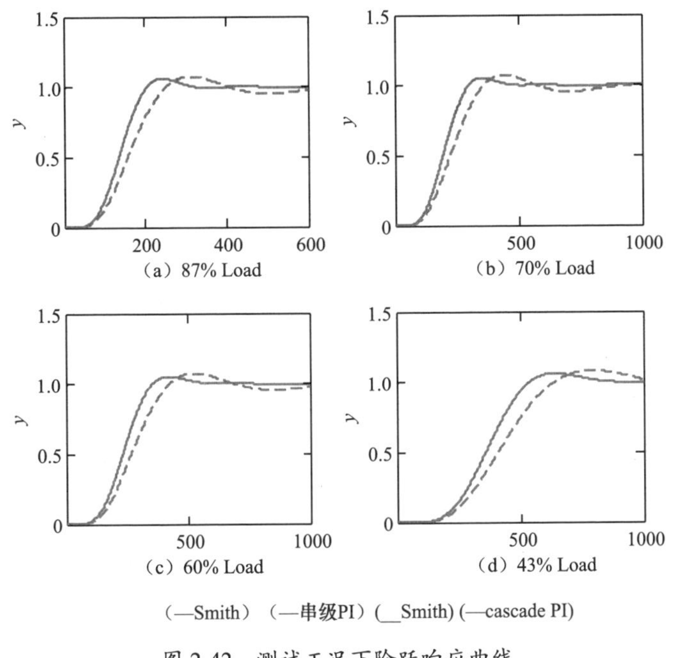

图 2-42　测试工况下阶跃响应曲线

六、控制约束分析

根据本章第一节的分析，为避免控制器输出的越限和振荡，选择采用优化 Smith 预估模型参数的方法改善控制系统性能。因而，依据本章第一节对 Smith 预估控制系统的分析结果，只要合理设置 PID 控制器参数，确保 PI 控制器输出作用平稳，控制约束就不会对控制系统性能产生大的影响。

第三节　过热蒸汽温度多模型 Smith 预估控制

非线性特性在工业过程中普遍存在。近年来，随着火电机组向大容量、高参数发展，锅炉过热蒸汽温度对象也变得越来越复杂，非线性特性越来越突出，给过热蒸汽温度的调节带来很大的困难。过热蒸汽温度对象的动态特性与整个机组的运行状态密切相关，例如当负荷变化时过热蒸汽温度对象的动态特性变化显著，呈现严重的非线性、大滞后，对于调峰机组这一现象尤为明显，见表 2-2 ～表 2-4。

目前，工程中广泛应用的过热蒸汽温度串级 PID 控制都是依据某一负荷工况（一般选取额定负荷）下的近似线性模型进行设计和整定的，当对象发生非线性变化时控制效果很差甚至达不到控制要求，且由于导前蒸汽温度信号的不准确致使系统在克服大滞后方面也很不理想。如何提高 PID 控制器的鲁棒性，使非线性系统全局稳定，这是工程应用中值得关注的问题。在这方面，间隙度理论提供了新的思路。通过计算各个模型间的间隙度，可以评价两个对象动态特性的相似程度，依此来合理选择标称模型设计控制器，能够进一步提高控制器的鲁棒性。

Smith 预估控制在模型精确的情况下可以完全补偿系统滞后的影响，是大滞后对象的经典控制方法，但是 Smith 预估控制容易受到模型失配的限制。基于系统间隙度理论建立对象的多模型集合并合理选择工况点设计控制器，不仅可以克服模型失配带来的影响，而且能够有效解决非线性对象的控制问题，避免控制器切换引入的干扰。

一、间隙度理论

（一）间隙度的概念

若 Hilbert 空间中的线形算子 E 的图谱 $G(E)$ 为 $\{v, Ev\}$ 的集合，其中 $v \in D(E)=\{v, v \in H \text{且} Ev \in H\}$，$D(E)$ 为 E 的域，$G(E)$ 为 $H \times H$ 的闭子空间，则 Hilbert 空间中的两个闭合算子 E_1 和 E_2 的间隙度为

$$\delta(E_1, E_2)=\max\{\delta_{12}[G(E_1), G(E_2)],\ \delta_{21}[G(E_2), G(E_1)\} \tag{2-41}$$

其中，δ_{12}、δ_{21} 为单向间隙度，即

$$\delta_{12}[G(E_1), G(E_2)]=\sup_{u \in D(E_1)} \inf_{u \neq 0, v \in D(E_2)} \frac{\|u-v\|^2+\|E_1 u-E_2 v\|^2}{\sqrt{\|u\|^2+\|E_1 u\|^2}} \tag{2-42}$$

单向间隙度 $\delta_{12}[G(\mathrm{E}_2), G(E_1)]$ 的计算方法与之类似。

对于 Hilbert 空间中的任意线形算子 E_1、E_2，其间隙度是 0 ～ 1 之间的数，即

$$0 \leqslant \delta(E_1, E_2) \leqslant 1 \tag{2-43}$$

若两个线性算子相似程度越高，则 δ 的值越接近于 0，否则越接近于 1。

（二）线性系统的间隙度

间隙度是对传统的无穷范数度量方法的扩展，起初间隙度用来度量、分析稳定与不稳定的系统，相比于只能用在稳定系统上的 H_∞ 范数度量方式，间隙度量的应用范围更广。利用间隙度可以衡量两个系统间动态特性的相似程度，系统间隙度 $\delta \in [0,1]$，其值越小说明两个系统的动态特性越接近，值越大说明两个系统的动态特性差异越大。两个对象完全相同，则间隙度 $\delta = 0$。如果两个系统的间隙度较小，那么至少存在一个反馈控制器使两个系统同时稳定。

两个线性系统 P_1 和 P_2 之间的间隙度量为

$$\delta\,(P_1, P_2) := \| \prod \delta(P_1) - \prod \delta(P_2) \| \tag{2-44}$$

式中，$\prod$ 为正交投影。

$$\delta(P_1, P_2) = \max\{\bar{\delta}(P_1, P_2), \bar{\delta}(P_2, P_1)\} \tag{2-45}$$

式（2-45）是单向距，其中

$$\bar{\delta}(P_1, P_2) := \| (I - \prod_{P_2}) \prod_{P_1} \| \tag{2-46}$$

可以通过式（2-47）计算，即

$$\delta(P_1, P_2) = \sup_{x \in P_1, \|x\|_2 = 1} dist(x, K_2), \tag{2-47}$$

其中

$$dist(x, K_2) = \inf_{y \in K_2} \| x - y \|_2 \tag{2-48}$$

$$\bar{\delta}(P_1, P_2) = \inf_{Q \in H_\infty} \| \begin{bmatrix} M_1 \\ N_1 \end{bmatrix} - \begin{bmatrix} M_2 \\ N_2 \end{bmatrix} Q \|_\infty \tag{2-49}$$

如果 $\delta(P_1, P_2) < 1$, 则

$$\delta(P_1, P_2) = \bar{\delta}(P_1, P_2) = \bar{\delta}(P_2, P_1) \tag{2-50}$$

令 P 为标称线性系统，K_c 为 P 的镇定化控制器，系统的鲁棒稳定性指标为 b_{pk} 为

$$b_{pk}=\left\|\begin{bmatrix}I\\K_c\end{bmatrix}(I+PK_c)^{-1}[I\quad P]\right\|_{\infty}^{-1} \tag{2-51}$$

以及最优鲁棒稳定性指标 b_{opt} ，即

$$b_{opt}=\{\inf\left\|\begin{bmatrix}I\\K_c\end{bmatrix}(I+PK_c)^{-1}[I\quad P]\right\|_{\infty}\}^{-1} \tag{2-52}$$

假设标称反馈系统 (P,K_c) 稳定，若 $\Sigma=\{P_\Delta:\delta(P,P_\Delta)<\gamma\}$ ，则 $\forall P_\Delta\in\Sigma$ ，当且仅当 $\gamma\leqslant b_{pk}$ 时，反馈系统 (P_Δ,K_c) 稳定。其中 b_{pk} 为系统的鲁棒稳定性指标，Σ 为满足系统间隙度指标的不确定模型 P_Δ 的集合。

由以上可知，系统的间隙度理论可以用于非线性系统的设计，非线性对象在不同平衡点可以得到若干线性模型，依据各线性模型的间隙度可以合理选择标称模型 P 以及设计其相应控制器 K_c，从而得到反馈系统 (P,K_c)，使非线性系统全局稳定，即合理设计控制器 K_c 使其他若干平衡点的线性模型稳定。

二、标称模型选择及控制器设计

（一）过热蒸汽温度系统控制器设计

过热蒸汽温度这类非线性对象可以在不同负荷平衡点获得多个线性化模型。某超临界 600MW 机组直流锅炉的高温过热器在四个典型工况下的模型见表 2-3。目前，工程中习惯以 100% 负荷工况为标称模型来整定控制系统参数，控制器负荷适应性不强，当负荷波动时，达不到理想的控制效果，需要在多个控制器之间进行切换。控制器的切换又会为系统带来新的扰动。为此，可以将间隙度的概念引入到非线性系统的设计当中，通过比较不同负荷平衡点各个模型之间的间隙度（动态特性），合理选择标称模型设计控制器参数，使非线性对象在其他工况点同样可以取得良好的控制品质，以此来满足负荷大范围波动下过热蒸汽温度系统的控制要求，从而避免上述问题。

对表 2-3 所示的某超临界 600MW 机组直流锅炉的高温过热器在四个典型工况下的模型进行仿真，仿真系统如图 2-43 所示。

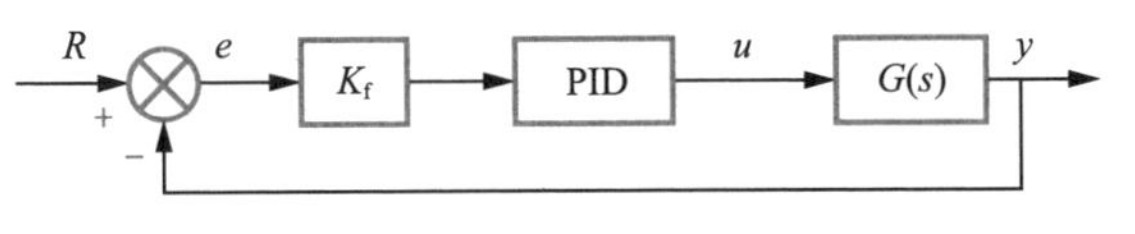

图 2-43　仿真系统图

（1）首先选取 37% 负荷和 100% 负荷工况下的模型进行比较，即

$$G_1(s) = G_{100} = \frac{1.22}{1+60s}\mathrm{e}^{-65s} \tag{2-53}$$

$$G_2(s) = G_{37} = \frac{1.0}{1+214s}\mathrm{e}^{-293s} \tag{2-54}$$

$\delta[G_{100}(s), G_{37}(s)]=0.4780$，这两个系统的间隙度比较大，任意选择标称模型设计 PID 控制器很难满足系统性能要求。

如果以 $G_1(s)$ 为标称模型 $P(s)$，并设计相应的 PI 控制器，$PI_1(s)=0.306+0.0051/s$，$PI_2(s)=PI_1(s)$；经过 PID 控制器补偿后，$P_1(s)=G_1(s)PI_1(s)$，$P_2(s)=G_2(s)PI_1(s)$。仿真结果如图 2-44 所示。这两个系统的间隙度比较大，虽然系统 1 满足性能要求，但是系统 2 不稳定。可见，任意设计 PID 控制器无法满足系统性能要求。

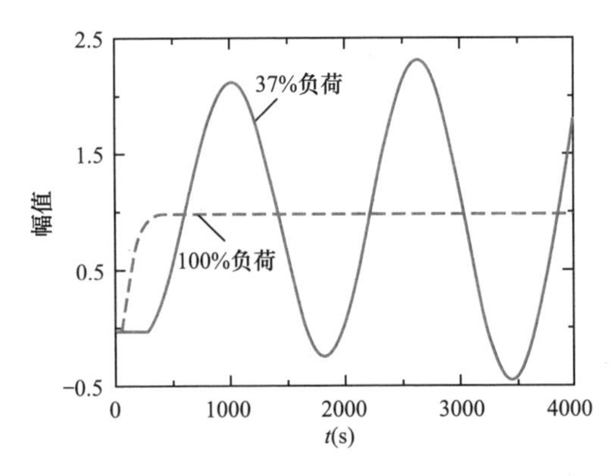

图 2-44　100% 与 37% 负荷工况模型比较结果 1

如果以 $G_2(s)$ 为标称模型 $P(s)$，并设计相应的 PI 控制器，$PI_2(s)=0.32+0.0015/s$，$PI_1(s)=PI_2(s)$。

经过 PI 控制器补偿后，$P_1(s)=G_1(s)PI_2(s)$，$P_2(s)=G_2(s)PI_2(s)$。这两个系统的间隙度同样比较大，但是系统 1 和系统 2 都稳定。仿真结果如图 2-45 所示。

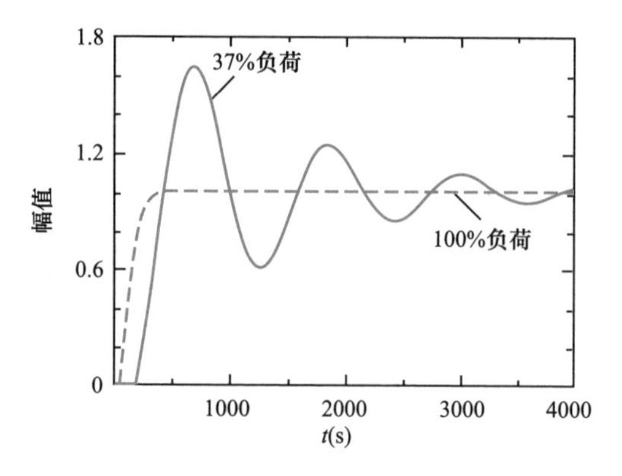

图 2-45 100% 与 37% 负荷工况模型比较结果 2

这个例子说明：虽然这两个对象 $G_1(s)$ 和 $G_2(s)$ 的间隙度比较大，$d[P_1(s),P_2(s)]$=0.4780。但如果选择合理的对象作为标称系统 P，设计其相应的控制器 [反馈系统 (P,K)]，仍然有可能使系统全局稳定。一般地，应该选择时间常数 T 较大的对象（二阶系统选择低频率对象）作为标称系统 P，在此例中，$G_2(s)$ 的时间常数远大于 $G_1(s)$ 的时间常数。工程应用中认为，当间隙度超过 0.35 时，两个对象就相差很大了。

（2）选取 75% 负荷和 100% 负荷工况下的模型进行比较，即

$$G_1(s)=G_{100}=\frac{1.22}{1+60s}\mathrm{e}^{-65s} \tag{2-55}$$

$$G_2(s)=G_{75}=\frac{1.15}{1+95s}\mathrm{e}^{-118s} \tag{2-56}$$

$\delta[G_{100}(s),G_{75}(s)]$=0.1951，这两个对象的间隙度较小，可以任意选择标称模型设计 PI 控制器使这两个对象都稳定并且满足控制性能指标。以时间常数较小的 $G_1(s)$ 为标称模型设计控制器。PI 控制器为 $PI_1(s)$=0.163+0.0034/s。经过 PI 控制器补偿后，$P_1(s)$=$G_1(s)PI_1(s)$，$P_2(s)$=$G_2(s)PI_1(s)$。图 2-46 是这两个被控对象闭环控制系统输出单位阶跃响应曲线，两个系统的控制品质都满足要求。

如果以时间常数较大的 $G_2(s)$ 为标称模型设计控制器，控制效果更好。

（3）选取 50% 负荷和 100% 负荷工况下的模型进行比较，即

$$G_1(s)=G_{100}=\frac{1.22}{1+60s}\mathrm{e}^{-65s} \tag{2-57}$$

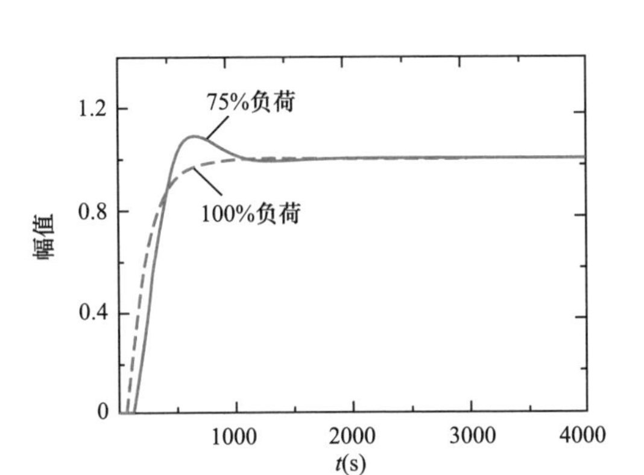

图 2-46 100% 与 75% 负荷工况模型比较结果

$$G_2(s)=G_{50}=\frac{1.07}{1+150s}\mathrm{e}^{-183s} \tag{2-58}$$

$\delta[G_{100}(s),G_{50}(s)]=0.3598$，这两个对象的间隙度也较大，因此，应当选择时间常数 T 较大的对象 $G_2(s)$ 为标称模型设计控制器。PI 控制器参数是 $PI_2(s)=0.39+0.0026/s$，经过 PI 控制器补偿后，$P_1(s)=G_1(s)PI_2(s)$，$P_2(s)=G_2(s)PI_2(s)$。图 2-47 是这两个被控对象闭环控制系统输出单位阶跃响应曲线，两个系统的控制品质都满足要求。

计算得到几组模型之间的间隙度为 $\delta[G_{100}(s),G_{75}(s)]=0.1951$，$\delta[G_{100}(s),G_{50}(s)]=0.3598$，$\delta[G_{100}(s),G_{37}(s)]=0.4780$。

依据上述仿真结果，选择 50% 负荷工况点的模型为标称对象设计 PID 控制器。

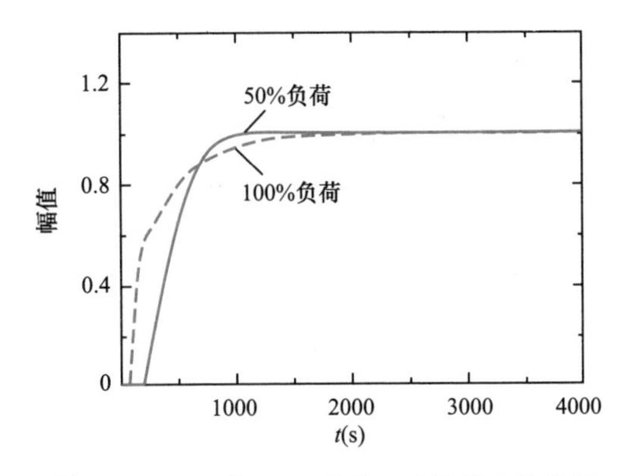

图 2-47 100% 与 50% 负荷工况模型比较结果

综上所述，以 50% 负荷工况点的模型为标称对象设计 PID 控制器参数，目前有很多方法可以方便地求取 PID 控制器参数，采用最小二乘法求得 PID 控制器参数为 k_r= 0.19，k_p=1.6689，k_i=0.0111。在相同的 PID 控制器参数下，对 100%、75%、50%、37% 四种典型负荷下的对象进行控制，仿真结果如图 2-48 所示 。

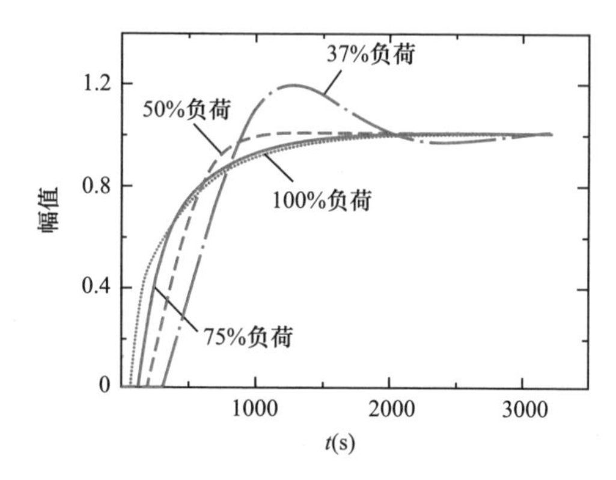

图 2-48　PID 控制器参数整定仿真结果

由图 2-48 所示仿真结果可知，以 50% 工况模型设计的 PI 控制器，在控制 37% 的工况模型时有一定的超调量，这再次验证了间隙度分析结果的正确性。以 600MW 机组为例，除机组启动升负荷阶段外，在机组调峰或故障减负荷时，一般最低降至 50% 负荷工况运行，降至 37%（222MW）的情形几乎没有。因此，依据间隙度的分析结果，以 50% 工况模型设计 PI 控制器完全可以满足生产需求。该方法对于亚临界机组、超超临界机组同样适用。

（二）结论

（1）系统的间隙度对非线性系统在多个线性化模型中，如何选择标称模型具有指导性的意义。合理选择标称模型设计控制器可以在系统间隙度比较大时，仍然使系统全局稳定。一般地，当系统间隙度比较大时，应该选择时间常数大（低频率）的对象作为标称模型 P。

（2）基于间隙度的方法设计 PID 控制器是解决电站主蒸汽温度这类非线性系统控制的一种非常有效的途径。通过对某超临界 600MW 直流锅炉过热蒸汽温度温对象四种典型工况进行仿真证明了这一点。该方法简单实用，依据间隙度合理选择标称模型设计控制器可以满足负荷大幅度波动工况下过热蒸汽温

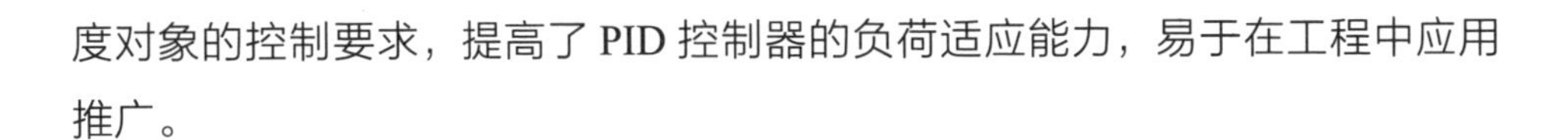

度对象的控制要求，提高了 PID 控制器的负荷适应能力，易于在工程中应用推广。

三、基于间隙度的过热蒸汽温度多模型 Smith 预估控制

基于系统间隙度理论建立对象的多模型集合并合理选择工况点设计控制器可以有效解决非线性对象的控制问题。

（一）多模型 Smith 预估控制方案

工程中反向并联在控制器侧的多模型 Smith 预估控制方案如图 2-49 所示。其中，$G_c(s)$ 为控制器，$G_p(s)e^{-\tau s}$ 为过热蒸汽温度对象等价的一阶惯性加纯滞后模型，即

$$G_p(s)e^{-\tau s}=\frac{K}{Ts+1}e^{-\tau s} \tag{2-59}$$

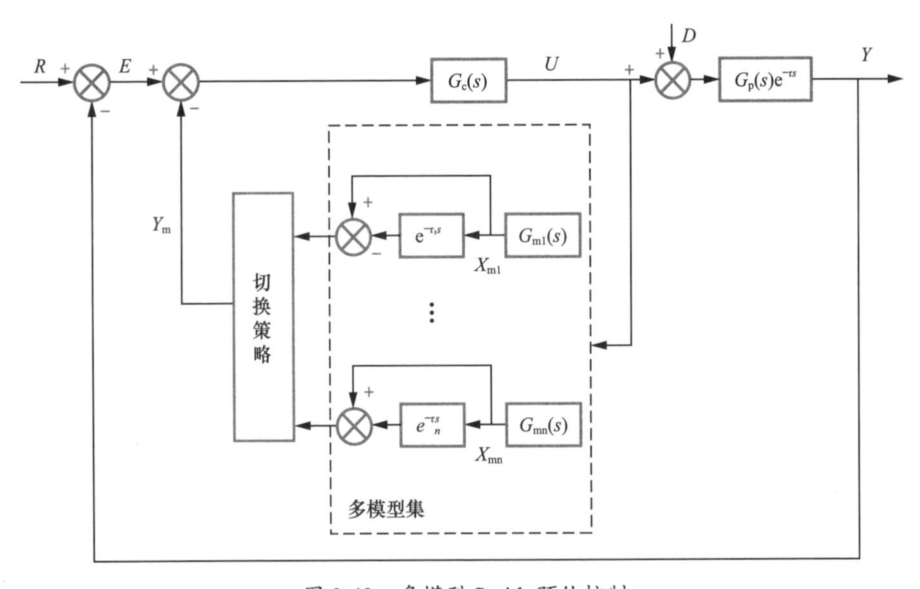

图 2-49　多模型 Smith 预估控制

（二）多模型集建立

在对象平衡点处获得相应的线性化模型，利用多个线性化模型逼近原非线性模型是对非线性系统进行线性化的常用方法。

某电站锅炉在 5 个典型工作点的传递函数见表 2-6。

表 2-6　主蒸汽温度对象典型工况模型

锅炉负荷	导前区	惰性区域	等价一阶惯性加纯滞后环节
30%	$\frac{8.07}{(24s+1)^2}$	$\frac{1.48}{(46.6s+1)^4}$	$\frac{1.48}{108.5s+1}e^{-85s}$
44%	$\frac{6.62}{(21s+1)^2}$	$\frac{1.66}{(39.5s+1)^4}$	$\frac{1.66}{93.02s+1}e^{-70s}$
62%	$\frac{4.35}{(19s+1)^2}$	$\frac{1.83}{(28.2s+1)^4}$	$\frac{1.83}{55s+1}e^{-65s}$
88%	$\frac{2.01}{(16s+1)^2}$	$\frac{2.09}{(22.3s+1)^4}$	$\frac{2.09}{48.9s+1}e^{-44s}$
100%	$\frac{1.58}{(14s+1)^2}$	$\frac{2.45}{(15.8s+1)^4}$	$\frac{2.45}{30.5s+1}e^{-35.8s}$

计算各相邻模型之间的间隙度，即

$$\delta[G_{100}(s),\ G_{88}(s)] = 0.1621$$

$$\delta[G_{88}(s),\ G_{62}(s)] = 0.3156$$

$$\delta[G_{62}(s),\ G_{44}(s)] = 0.2687$$

$$\delta[G_{44}(s),\ G_{30}(s)] = 0.1787$$

可以看出 88% 与 62% 负荷之间、62% 与 44% 负荷之间间隙度较大，考虑采用等间隙度线性插值法在 88% 与 62% 负荷之间、62% 与 44% 负荷之间补充两个模型。模型参数计算式分别为

$$K_i = K_{\min} + (i-1)\frac{K_{\max} - K_{\min}}{m-1}, (i=1,2,\cdots,m) \tag{2-60}$$

$$\tau_i = \tau_{\min} + (i-1)\frac{\tau_{\max} - \tau_{\min}}{m-1}, (i=1,2,\cdots,m) \tag{2-61}$$

时间常数 T_i 需满足如下目标函数，即

$$\delta\left[G_i(s), G_j(s)\right] = \lambda，取 \lambda = 0.17 \tag{2-62}$$

为了验证线性差值的有效性，将 88% 负荷和 44% 负荷模型作为验证，验证指标为以实际模型输出 y 为基准的积分绝对误差 IAE（integrated absolute error）指标，如式（2-63）所示，其值越小表示差值模型 $\hat{y}$ 与实际输出 y 的接近程度越高，即

$$\phi\left(\hat{y},y\right)=\int_{0}^{t}\left|\hat{y}(t)-y(t)\right|\mathrm{d}t \tag{2-63}$$

88% 与 44% 负荷差值模型与辨识模型的输出曲线如图 2-50 所示，由此可知，等间隙度线性插值法可以复现主蒸汽温度对象在某一平衡点的动态特性。

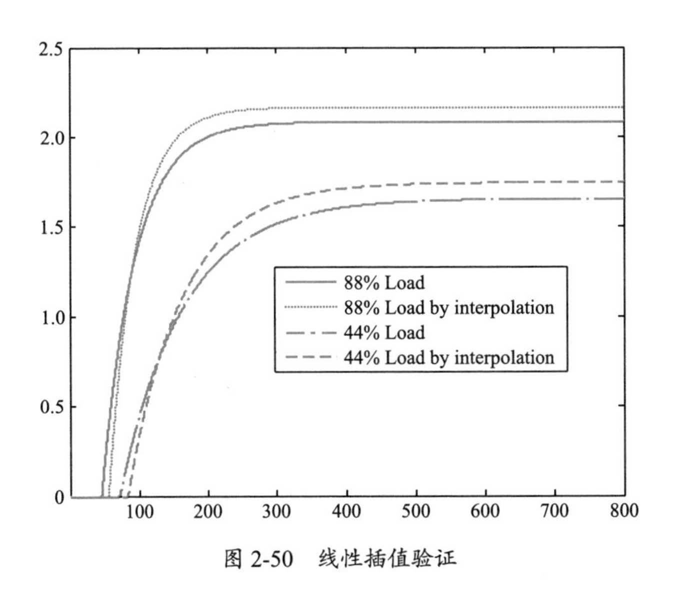

图 2-50　线性插值验证

（三）多模型切换策略

文献 [32] 中通过对主蒸汽流量 *R/S* 分形维数的研究进行多模型的切换。*R/S* 分析方法，也称重标极差分析法，是通过引入 Hurst 指数用以度量趋势强度和噪声水平随时间的变化情况。用主蒸汽流量 *R/S* 分形维数进行多模型切换再次印证了主蒸汽温度控制对象的多模型切换是锅炉负荷变化的函数，基于负荷变化的模糊切换规则就可以实现。为了更直观地表征模型的匹配程度，在负荷 D 变化的基础上，需要进一步计算子模型与对象当前的匹配概率及历史匹配概率。

采用递推贝叶斯公式计算模型匹配概率，即

$$\varepsilon_k=y_k-\hat{y}_{k,j} \tag{2-64}$$

式（2-64）为当前时刻第 j 个子模型输出 $\hat{y}_{k,j}$ 和控制对象输出 y_k 之间的偏差 ε_k。

递推贝叶斯公式根据上一时刻的模型匹配概率 $P_{j,k-1}$ 递推获得当前时刻的匹配概率 $P_{j,k}$，即

$$P_{j,k}=\frac{\exp\left(-\frac{1}{2}\varepsilon_{j,k}^{T}\Lambda\varepsilon_{j,k}\right)P_{j,k-1}}{\sum_{i=1}^{m}\left[\exp\left(-\frac{1}{2}\varepsilon_{i,k}^{T}\Lambda\varepsilon_{i,k}\right)P_{i,k-1}\right]} \tag{2-65}$$

Λ 为递推计算收敛系数，取值越大收敛到最真模型的速度越快。当模型完全匹配时，相应的概率值为 1，其他子模型的概率为 0。对子模型集中各子模型的匹配概率如式（2-66）所示进行处理，使各子模型权重之和为 1。某子模型权重越接近 1 表示该子模型与当前蒸汽温度对象的拟合程度越高。

$$w_{j,k}=\begin{cases}\dfrac{P_{j,k}}{\sum\limits_{i=1,i\neq c}^{m}P_{i,k}}, & P_{i,k}>\delta^{*}\\ 0, & P_{i,k}\leqslant\delta^{*}\end{cases} \tag{2-66}$$

式中　$w_{j\cdot k}$——子模型权值；

δ^{*}——两个无限接近的模型之间的间隙度，是一个足够小的正数；

c——$P_{j\cdot k}=\delta^{*}$ 时对应的该子模型的编号。

（四）工作点的确定

间隙度理论对于非线性系统在多个平衡工况点（线性化模型中）如何选择标称模型设计控制器具有指导性的意义。依据间隙度理论合理选择标称模型设计控制器，即使在对象间隙度比较大时 $\delta\geqslant0.35$，也仍然可以使系统全局稳定。通常，当两个线性模型的间隙度较大时，应该选择时间常数 T 大的低频对象作为标称模型设计控制器。本例中，为了避免多控制器切换时引入的干扰，选择 44% 负荷为工作点设计控制器，使主蒸汽温度对象在其他平衡工况下依然稳定。

（五）PID 控制器参数整定

实际 PID 控制器如式（2-67）所示，即

$$G_{c}(s)=\frac{1}{\delta}\left(1+\frac{1}{T_{i}s}+\frac{T_{d}s}{1+\alpha T_{d}s}\right) \tag{2-67}$$

采用一阶惯性加纯滞后模型式（2-59）的经验整定公式进行 PID 控制器的设计。式（2-67）中取 $\alpha=0.1$，即

$$\delta = \alpha K(\beta + n_1) \tag{2-68}$$

$$T_i = \gamma(T + \tau) \tag{2-69}$$

$$T_d = \frac{T_i}{4 \sim 8} \tag{2-70}$$

其中

$$n_1 = \begin{cases} (2\frac{\tau}{T} + 1) + 1, & \tau > 0 \\ 1, & \tau = 0 \end{cases} \tag{2-71}$$

取

$$\alpha = 0.081，\quad \gamma = 0.6，\quad \beta = \begin{cases} 5 & n_1 = 1 \\ 8 & n_1 = 2 \\ 10 & n_1 = 3 \\ 11 & n_1 = 4 \\ 12 & n_1 \geqslant 5 \end{cases}$$

其中，微分作用的强弱（T_d的大小）视具体情况而定，为防止控制器的输出剧烈抖动，当扰动较大时切除微分作用，令 $T_d = 0$。

（六）实例仿真

以表 2-6 中 44% 负荷模型为标称整定，PID 控制器参数为 $k_c = 1.21$，$T_i = 152.56$，$T_d = 46.7$。控制系统在其他几处平衡点的结果如图 2-51 所示。

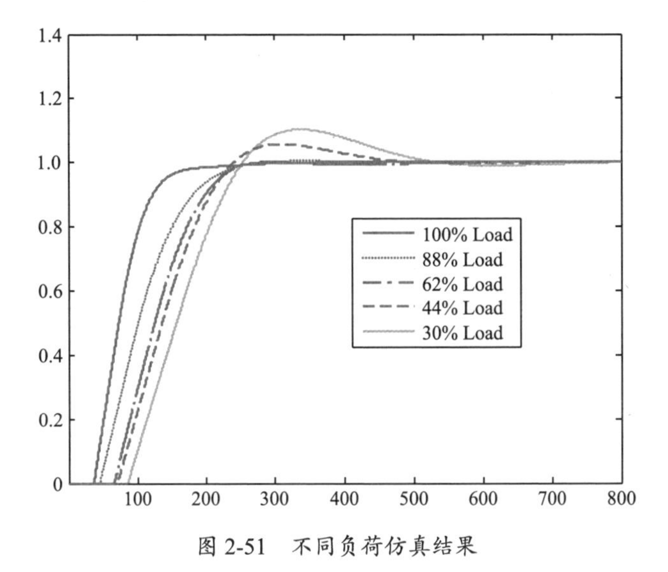

图 2-51　不同负荷仿真结果

在 1000s 时加入幅值为 20% 的阶跃信号干扰，多模型 Smith 预估控制在各个平衡工况下的抗干扰响应曲线如图 2-52 所示。可以测得在 100% 负荷工况下，系统的动态偏差最大，幅值为 1.1，但过渡过程时间最短，在 30% 工况下动态偏差最小，但过渡过程时间最长，为 450s。由此可知，多模型 Smith 预估控制有一定的抗干扰能力。

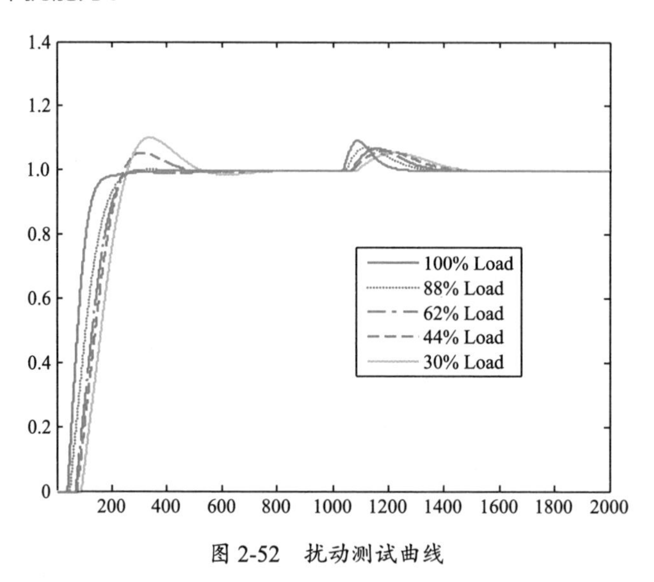

图 2-52　扰动测试曲线

在变负荷工况下，与工程中常用的串级 PID 控制进行比较，以进一步验证多模型 Smith 预估控制的有效性。变负荷仿真实验机组负荷以 2%/min 的速率从 50% 升至 100%，稳定一段时间后，再从 100% 降到 50%。仿真结果如图 2-53 所示，由此可知，当机组负荷大范围波动时多模型 Smith 预估控制效果明显好于传统的串级 PID 控制，主蒸汽温度的波动明显减小，控制在了 ±5℃的范围内。

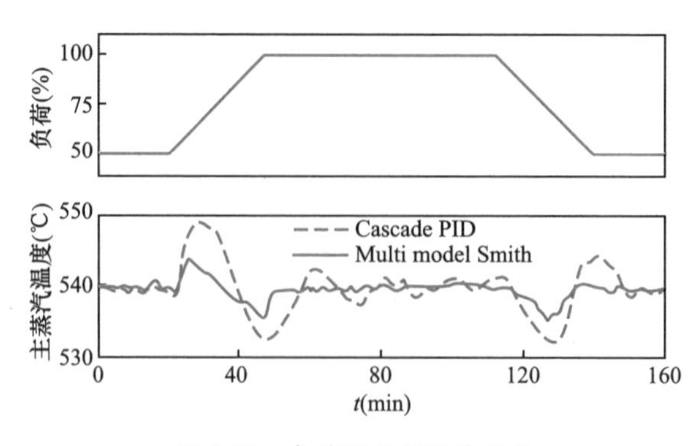

图 2-53　负荷适应性仿真结果

（七）结论

（1）多模型 Smith 预估控制策略对象模型集建立方便、建模工作量小，是克服模型失配，解决大滞后对象控制问题的有效途径。

（2）依据系统间隙度建立多模型集、合理选择工作点设计控制器使系统全局稳定，能够有效克服主蒸汽温度对象的非线性问题，避免了模型切换尤其是多控制器切换给系统引入的干扰。

（3）仿真实验研究表明，多模型 Smith 预估控制具有良好的负荷适应能力，进一步减小了主蒸汽温度控制的动态偏差，具有良好的工程应用前景。

第三章

非自衡热工过程控制

热工过程中的积分加纯滞后（IPDT）模型是一类较难控制的不稳定过程，如给水流量扰动下的电站锅炉汽包水位控制。由于锅炉的非线性、动态特性复杂、随机扰动和变化因素多等特点，对于此类非自衡热工对象的控制一方面要研究如何使系统稳定，同时克服滞后环节对系统性能的影响，另一方面要提高系统在稳定状态下的抗干扰能力。

第一节　非自衡过程 Smith 预估补偿控制

Smith 预估补偿算法不能直接用于不稳定大滞后系统的控制。本节通过设计不同形式的控制器来抵消掉 IPDT 模型中的不稳定极点 s，即 $s=0$，使控制系统闭环稳定，并且充分利用控制器系统运动速度和加速度负反馈作用，提高控制系统性能。同时给出了不稳定系统校正系数 K_{p} 的意义及确定方法。

一、二阶系统的通用控制器

一种基于动力学意义的通用控制器，即

$$G_{\mathrm{c}}(s)=\frac{k_{\mathrm{r}}(m_1s^2+m_2s+m_3)}{n_1s^2+n_2s+n_3} \tag{3-1}$$

式（3-1）所表示的通用控制器的动力学意义是，通过系统的运动位置 m_3，速度 m_2s 和加速度 m_1s^2 的负反馈作用使系统达到预期的控制效果。将系统的输出与期望的闭环系统的输出相比较很容易求得式（3-1）中 k_{r}、m_1、m_2、m_3、n_1、n_2、n_3 的值。

PID 控制器的传递函数是

$$\mathrm{PID}=k_{\mathrm{p}}+\frac{1}{T_{\mathrm{i}}s}+\frac{k_{\mathrm{d}}s}{T_{\mathrm{d}}s+1}=\frac{m_1 s+m_2+\dfrac{m_3}{s}}{n_1 s+n_2} \tag{3-2}$$

这是通用控制器式（3-1）当 $k_{\mathrm{r}}=1$，$n_3=0$ 时的一个特例，它没有加速度控制作用。

二、非自衡过程 Smith 预估补偿算法分析

Smith 预估补偿算法如图 3-1 所示。$P(s)=G(s)\mathrm{e}^{-\tau s}$ 为被控对象，$P_{\mathrm{n}}(s)=G_{\mathrm{n}}(s)\mathrm{e}^{-\tau_{\mathrm{n}}s}$ 为被控对象模型，$C(s)$ 为控制器。Smith 预估补偿算法就是提供一个比过程超前的反馈量，在标称情况下，$G(s)=G_{\mathrm{n}}(s)$，$\tau=\tau_{\mathrm{n}}$，$\mathrm{e}^{-\tau s}=\mathrm{e}^{-\tau_{\mathrm{n}}s}$，$P_{\mathrm{n}}(s)=G_{\mathrm{n}}(s)\mathrm{e}^{-\tau_{\mathrm{n}}s}=P(s)=G(s)\mathrm{e}^{-\tau s}$，则 $e_{\mathrm{p}}(t)=0$。

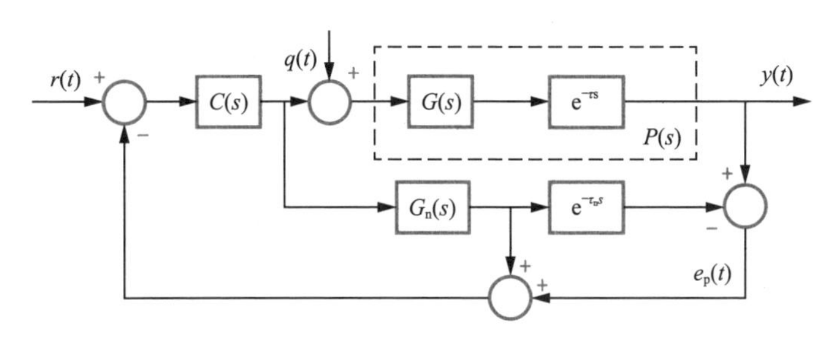

图 3-1　Smith 预估补偿算法

$$\frac{Y(s)}{R(s)}=\frac{C(s)P_{\mathrm{n}}(s)}{1+C(s)G_{\mathrm{n}}(s)}=\frac{C(s)G_{\mathrm{n}}(s)\mathrm{e}^{-\tau_{\mathrm{n}}s}}{1+C(s)G_{\mathrm{n}}(s)} \tag{3-3}$$

$$\frac{Y(s)}{Q(s)}=P_{\mathrm{n}}(s)\left[1-\frac{C(s)P_{\mathrm{n}}(s)}{1+C(s)G_{\mathrm{n}}(s)}\right]=G_{\mathrm{n}}(s)\mathrm{e}^{-\tau_{\mathrm{n}}s}\left[1-\frac{C(s)G_{\mathrm{n}}(s)\mathrm{e}^{-\tau_{\mathrm{n}}s}}{1+C(s)G_{\mathrm{n}}(s)}\right] \tag{3-4}$$

含有积分环节的不稳定滞后对象（IPDT 模型）如式（3-5）所示，即

$$P(s)=G(s)\mathrm{e}^{-\tau s}=\frac{K_{\mathrm{v}}}{s}\mathrm{e}^{-\tau s} \tag{3-5}$$

由于 $P_{\mathrm{n}}(s)$ 含有一个 $s=0$ 的极点，若要系统闭环稳定，则 $\lim\limits_{s\to 0}\left[1-\dfrac{C(s)G_{\mathrm{n}}(s)\mathrm{e}^{-\tau_{\mathrm{n}}s}}{1+C(s)G_{\mathrm{n}}(s)}\right]=0$。

Smith 预估补偿算法的等价结构如图 3-2 所示。

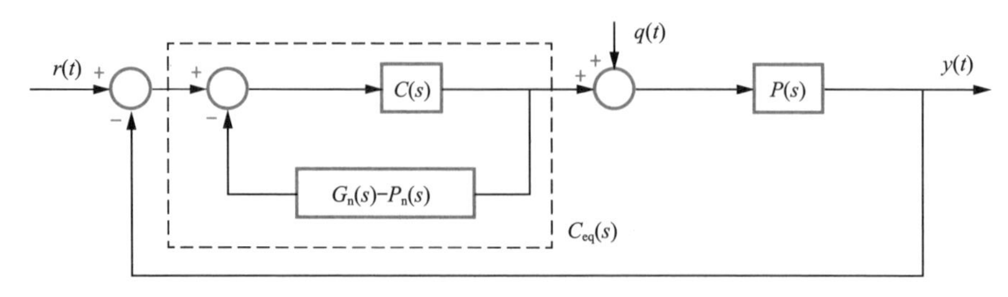

图 3-2　Smith 预估补偿算法的等价结构

由图 3-2 可得

$$C_{\mathrm{eq}}(s)=\frac{C(s)}{1+C(s)\left[G_{\mathrm{n}}(s)-P_{\mathrm{n}}(s)\right]} \tag{3-6}$$

为了抑制扰动的影响，依据内模控制理论，图 3-2 中的等价控制器 $C_{\mathrm{eq}}(s)$ 必须具有积分作用，即具有一个 $s=0$ 的极点，而且系统闭环稳定。

对于 $\lim\limits_{s\to0}\left[G_{\mathrm{n}}(s)-P_{\mathrm{n}}(s)\right]=K_{\mathrm{v}}\left(\dfrac{1-\mathrm{e}^{-\tau_{\mathrm{n}}s}}{s}\right)$，将 $\mathrm{e}^{-\tau_{\mathrm{n}}s}$ 利用 Pade 近似展开为 $\mathrm{e}^{-\tau_{\mathrm{n}}s}=\dfrac{2-s\tau_{\mathrm{n}}}{2+s\tau_{\mathrm{n}}}$，可得

$$\lim_{s\to0}\left[G_{\mathrm{n}}(s)-P_{\mathrm{n}}(s)\right]=\tau_{\mathrm{n}}K_{\mathrm{v}}$$

使 $\lim\limits_{s\to0}C(s)=\dfrac{K_{\mathrm{c}}}{s}$，则

$$\lim_{s\to0}C_{\mathrm{eq}}(s)=\lim_{s\to0}\left(\frac{\dfrac{K_{\mathrm{c}}}{s}}{1+\tau_{\mathrm{n}}K_{\mathrm{v}}\dfrac{K_{\mathrm{c}}}{s}}\right)=\frac{1}{\tau_{\mathrm{n}}K_{\mathrm{v}}} \tag{3-7}$$

由此得出，即使控制器 $C(s)$ 含有积分作用，等价控制器 $C_{\mathrm{eq}}(s)$ 也不能像所期望的那样含有极点 $s=0$，而是相当于一个比例控制器并且比例作用的大小依赖于对象迟延时间常数 τ_{n} 的大小，因此等价后的控制器将不能抑制系统扰动的影响。

对于积分加纯滞后对象（IPDT 模型），单纯的 Smith 预估补偿算法只是提供了一个比过程对象超前的反馈量，并不能使系统闭环稳定。为此 Normey-Rico 在文献 [18] 中设计了一种反馈补偿器 $F_{\mathrm{c}}(s)$，使控制系统闭环稳定并且确保系统在稳定状态下对扰动的抑制作用。Smith 预估器补偿方案如图 3-3 所示。

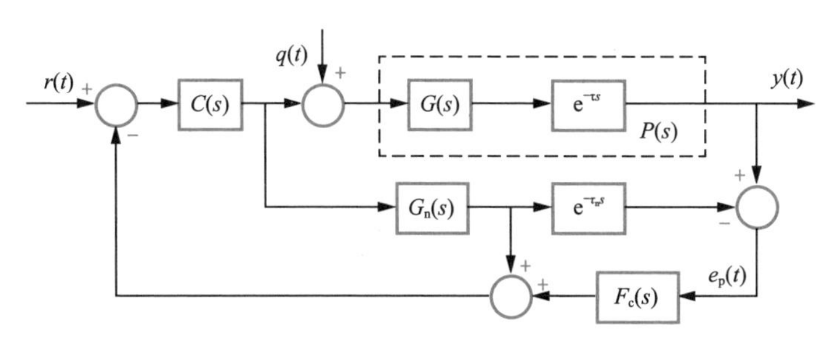

图 3-3 Smith 预估器补偿方案

由图 3-3 可得

$$\frac{Y(s)}{Q(s)}=P_n(s)\left[1-\frac{C(s)P_n(s)F_c(s)}{1+C(s)G_n(s)}\right]=G_n(s)e^{-\tau_n s}\left[1-\frac{C(s)G_n(s)F_c(s)}{1+C(s)G_n(s)}e^{-\tau_n s}\right] \quad (3\text{-}8)$$

当 $P_n(s)=G_n(s)e^{-\tau_n s}=\frac{K_v}{s}e^{-\tau_n s}$， $C(s)=K_c$ 时

$$F_c(s)=\frac{(1+sT_1)(1+as)}{(1+sT_0)^2} \quad (3\text{-}9)$$

其中， $T_1=\frac{1}{K_cK_v}$， $a=2T_0+\tau_n$，初次设定参数时可令 $T_0=T_1$。

三、非自衡过程 Smith 预估补偿控制方案

补偿器 $F_c(s)$ 的设计虽然可以使系统闭环稳定，但是引入的不确定参数过多，在实际工程中应用中调试困难，因而影响了应用效果，不便于推广。为此，本文基于通用控制器 $G_c(s)$ [见式（3-1）] 来抵消被控对象不稳定极点，使其闭环稳定，并提出一种更便于工程应用的控制方法。

方案一：由于 IPDT 模型 [见式（3-5）]，本身就含有积分环节 $\frac{1}{s}$，那么可以充分利用对象本身的积分作用，使式（3-4）中由控制器 $C(s)$ 决定的部分等价于一个比例环节即可，即

$$1+G_c(s)G_n(s)-G_c(s)G_n(s)e^{-\tau_n s}=K_p \quad (3\text{-}10)$$

将 $e^{-\tau_n s}$ 利用 Pade 近似展开， $e^{-\tau_n s}=\frac{2-s\tau_n}{2+s\tau_n}$ 代入式（3-10）得一阶控制器，即

$$G_c(s)=\frac{(K_p-1)\tau_n s+2(K_p-1)}{2\tau_n K_v(Ts+1)} \quad (3\text{-}11)$$

其中，$\frac{1}{Ts+1}$ 是小时间常数的一阶环节，一般 $T=(\frac{1}{30}\sim\frac{1}{15})\tau_{\mathrm{n}}$。

采用式（3-11）所示的控制器可以使对象闭环稳定，由于利用了不稳定对象本身的积分特性，没有外加积分作用，而且预估模型势必有一定的偏差，所以闭环系统存有一定的静差，为此在原有 Smith 预估补偿方案的基础上增加一个外环积分环节 $\frac{k_i}{s}$ 即可，如图 3-4 所示，在实际工程应用中增加一个简单的 PI 调节器即可。为了便于调节将 K_{p} 定义为不稳定系统的校正系数。

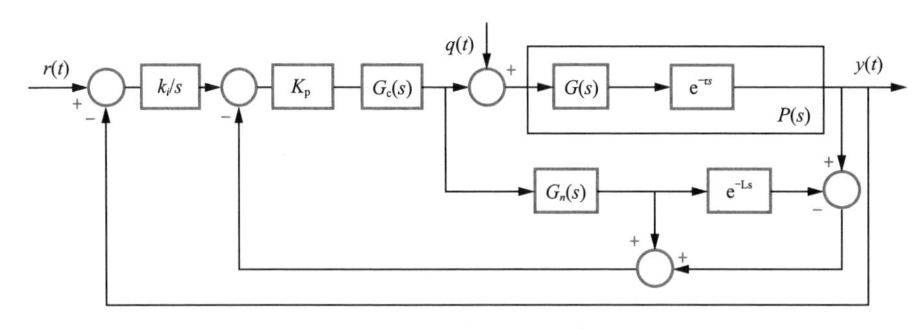

图 3-4　改进的控制方案

方案二：如图 3-4 所示通用控制器 $G_{\mathrm{c}}(s)$ 的使用必须为 $\frac{Y(s)}{Q(s)}$ 配置一个零点 $s=0$，用以抵消掉 IPDT 模型中不稳定的极点，即

$$\lim_{s\to 0}\mathrm{d}[1+G_{\mathrm{c}}(s)G_{\mathrm{n}}(s)-G_{\mathrm{c}}(s)G_{\mathrm{n}}(s)\mathrm{e}^{-\tau_{\mathrm{n}}s}]/\mathrm{d}s=0 \tag{3-12}$$

将 $\mathrm{e}^{-\tau_n s}$ 利用 Pade 近似展开，$\mathrm{e}^{-\tau_n s}=\frac{2-s\tau_{\mathrm{n}}}{2+s\tau_{\mathrm{n}}}$ 求得二阶控制器，即

$$G_{\mathrm{c}}(s)=\frac{K_{\mathrm{p}}\tau_{\mathrm{n}}s^2+s(2K_{\mathrm{p}}+\tau_{\mathrm{n}})+2K_{\mathrm{p}}}{2\tau_{\mathrm{n}}K_{\mathrm{v}}(Ts+1)^2} \tag{3-13}$$

其中，$\frac{1}{Ts+1}$ 是小时间常数的一阶环节，一般 $T=(\frac{1}{30}\sim\frac{1}{15})\tau_{\mathrm{n}}$。

同样，采用式（3-13）所示的控制器可以使对象闭环稳定，为了消除闭环系统的静差，在原有 Smith 预估补偿方案的基础上增加一个外环积分环节 $\frac{k_{\mathrm{i}}}{s}$，实际工程应用中增加一个简单的 PI 调节器即可，其比例系数可以设定为 1。方案 2 中二阶控制器充分利用了通用控制器中系统运动加速度负反馈控制项，控制效果会更好。

综上所述，通用控制器的使用没有为系统带来新的待定参数，K_p、k_i 的整定完全可以按照普通 PID 控制器的工程整定方法整定，不稳定系统的校正系数 K_p 的引入简化了系统的整定过程，通过调整 K_p 达到了同时改变控制器所有参数的目的。不稳定系统的校正系数 K_p 也可以采用黄金分割法来确定，本文的仿真实例采用黄金分割法来确定 K_p。

四、仿真实例

对对象 $P(s)=G(s)\mathrm{e}^{-\tau s}=\dfrac{0.21}{s}\mathrm{e}^{-5.3s}$，分别采用三种方法进行阶跃响应的仿真比较，同时在 $q(t)$ 处加入 10% 的阶跃干扰信号。首先，采用 Normey-Rico 提出的 Smith 补偿器 [18] 进行仿真（见图 3-3），求得 $F_c(s)=\dfrac{93.48s^2+22.1s+1}{(1+5.7s)^2}$，$K_c=0.84$。接下来，采用本节提出的方案一（见图 3-4），即通用控制器 $G_c(s)$ 为一阶情形，求得 $G_c(s)=\dfrac{2.65s+1}{0.4452s+2.226}$，$T=0.2$，$K_p=4$，$k_i=0.05$。最后，采用本节提出的方案二（见图 3-4），即通用控制器 $G_c(s)$ 为二阶情形，加入了系统运动加速度项：$G_c(s)=\dfrac{5.3s^2+7.3s+2}{10s^2+20s+2.226}$，$T=0.2$，$K_p=16$，$k_i=0.075$。

仿真结果如图 3-5 所示，在外加 10% 阶跃扰动的情况下，Normey-Rico 提出的 Smith 预估补偿算法有一定的超调量，方案一的调节时间太慢，方案二的控制效果最好。为了进一步说明方案一、方案二的抗干扰能力，在控制器参数不变、去掉外加扰动的情况下，三种方法的阶跃响应如图 3-6 所示，与图 3-5 对比可知，外加阶跃扰动对 Smith 预估补偿算法的动态特性影响很大，系统产生超调量。本书所示方案一、方案二虽然都有一定的抗干扰能力，但是方案二的二阶通用控制器由于加入了系统运动加速度项，其抗干扰能力更强，响应速度更快，控制品质更好。

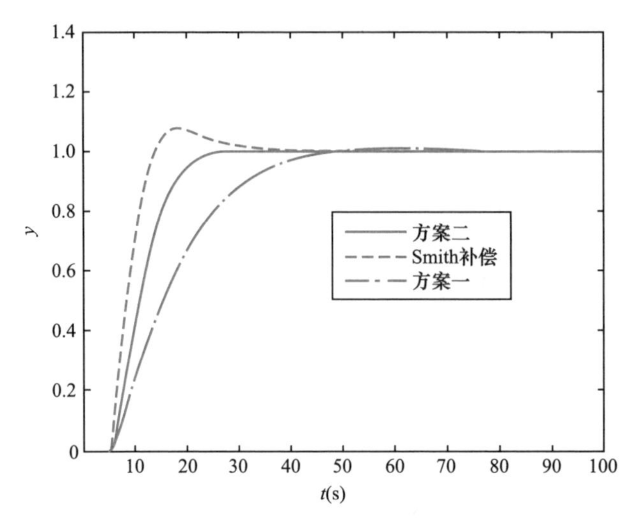

图 3-5　外加 10% 阶跃扰动的阶跃响应

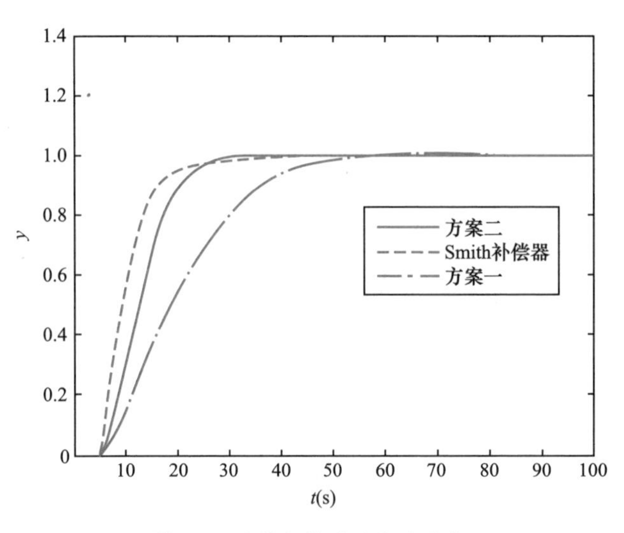

图 3-6　无外加扰动的阶跃响应

为了进一步验证方案二的鲁棒性，首先，在控制器参数不变的情况下，将 IPDT 模型［见式（3-5）］中的比例增益 K_v 及纯迟延时间 τ 均改变 ±20% 进行仿真试验，结果如图 3-7 所示。当参数变化至 ±20% 时，结果相对较差，系统超调量不超过 ±10%。其次，在控制器参数不变的情况下，逐渐增加外加阶跃扰动量，仿真结果如图 3-8 所示。当阶跃扰动量增加至 50% 时，系统输出的超调量为 20% 左右。

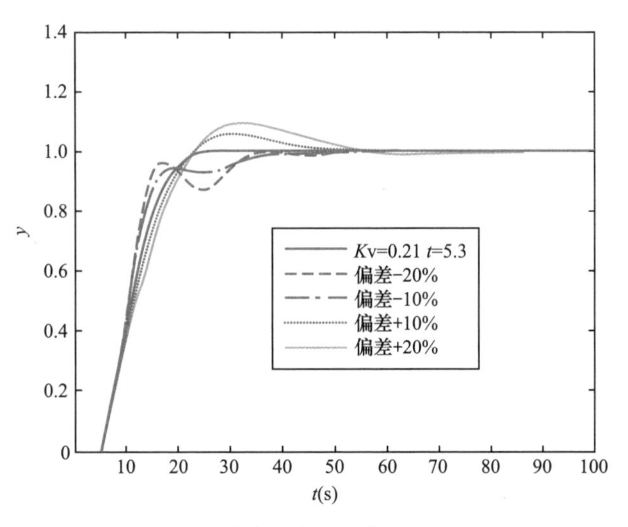

图 3-7 对象参数变化鲁棒性测试结果

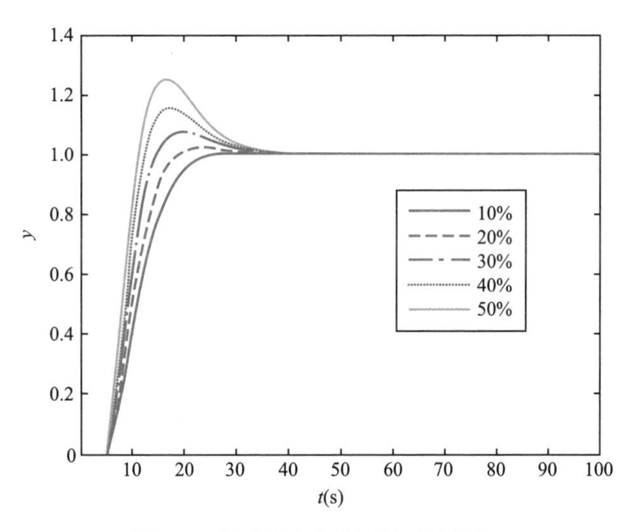

图 3-8 扰动量变化鲁棒性测试结果

由于本书所提方案一、方案二改变了控制器的形式，不再是经典的 PID 控制器，因而有必要对以上三种方法进行控制约束的讨论。对以上三种方法加入 ±30% 的输出饱和控制约束和 ±10% 的速率变化约束后，控制器的输出和系统输出如图 3-9 所示。加入 ±20% 的输出饱和控制约束和 ±5% 的速率变化约束后，控制器的输出和系统输出如图 3-10 所示。

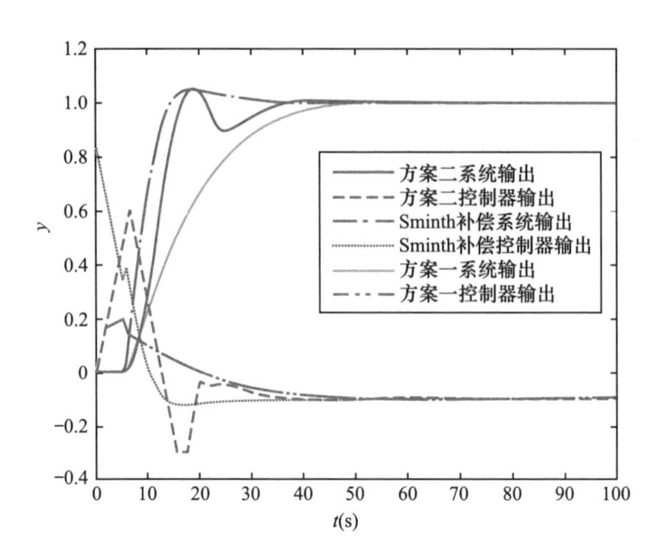

图 3-9　±30% 限幅 ±10% 限速控制约束仿真结果

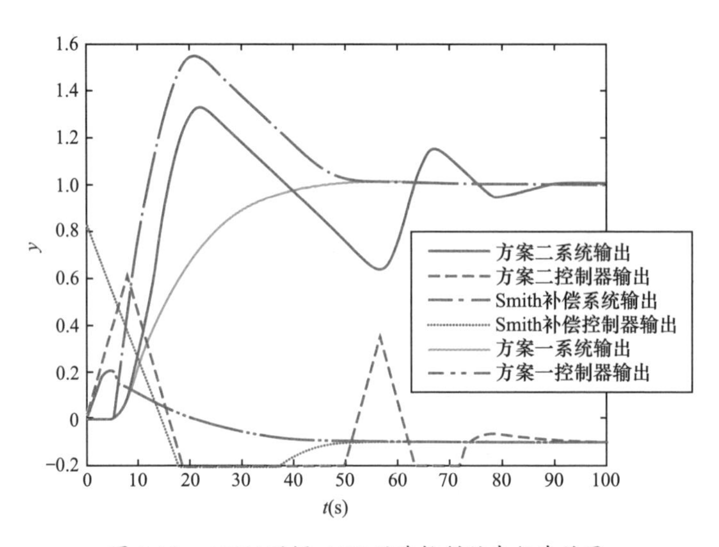

图 3-10　±20% 限幅 ±5% 限速控制约束仿真结果

由图 3-9、图 3-10 可知，控制约束的加入对方案一几乎没产生影响，而随着控制约束的越加严格，Smith 补偿器的方法超调量急剧增大，方案二甚至出现了波动，这是由于利用系统运动加速度负反馈控制项增强控制器输出作用的结果。

方案一、方案二和 Normey-Rico 提出的 Smith 补偿器都可以使非自衡热工对象闭环稳定，但是各有优缺点。其中，方案二的抗干扰能力最强，Smith 补偿器的方法在没有外加扰动量时，对给定值的阶跃扰动响应时间较快一些，但是考虑控制约束，方案一的工程应用性最好。

第二节　非自衡过程抗重复扰动控制

工程中控制对象往往受到某一类扰动的频繁干扰，在一段时间周期内，可以将这类扰动视作重复性的干扰信号。在控制策略中，希望系统能够快速、无差地跟踪任意周期的扰动信号。也就是说，系统克服重复性扰动的能力至关重要。本节通过反馈补偿将不稳定的非自衡过程，补偿为二阶非最小相位对象，通过设计二阶系统的动力学通用控制器来实现非自衡过程的控制，同时利用时滞学习环节提高系统抑制周期性扰动的能力。仿真实验证明了该方法的有效性和鲁棒性。该控制方法结构简单，参数调整方便，易于在工程实践中推广。

一、非自衡对象分析

式（3-5）的 IPDT 模型，由于 $P(s)$ 含有一个 $s=0$ 的极点，若要系统闭环稳定，则需要设计补偿器，最简单的办法是配置一个零点 $s=0$，用以抵消 IPDT 模型中不稳定的极点。

纯滞后环节 $\mathrm{e}^{-\tau s}$ 实际上是一种非最小相位因子，可以用泰勒级数展开，也可以用 Pade 近似展开，即

$$\mathrm{e}^{-\tau s}=1-\tau s+\frac{(\tau s)^{2}}{2!}-\frac{(\tau s)^{3}}{3!}+\cdots \tag{3-14}$$

或

$$\mathrm{e}^{-\tau s}=\frac{1-0.5\tau s}{1+0.5\tau s} \tag{3-15}$$

如果在反馈回路设计补偿器，如图 3-11 所示。

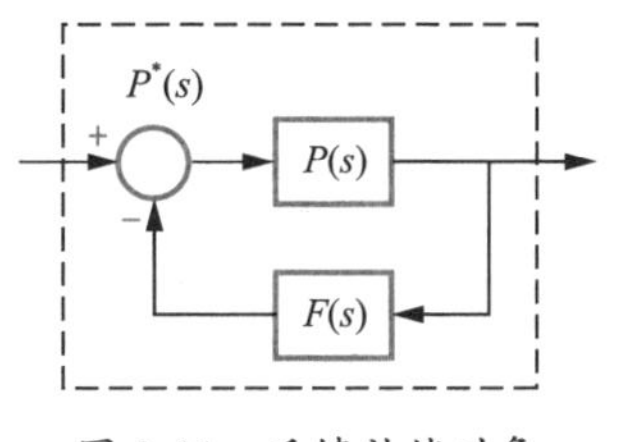

图 3-11　反馈补偿对象

$$P^*(s)=\frac{P(s)}{1+P(s)F(s)} \tag{3-16}$$

将式（3-5）、式（3-15）代入式（3-16），得

$$P^*(s)=\frac{2K_v(1-0.5\tau s)}{\tau s^2+[2-F(s)K_v\tau]s+2F(s)K_v} \tag{3-17}$$

由式（3-17）可知，只要设计补偿器 $F(s)$ 为一个比例环节即可将原来的不稳定系统转变为一个二阶非最小相位对象，而对于含有右半复平面零点的非最小相位系统的控制，可以通过设计二阶系统的通用控制器来实现。

令 $F(s)=\dfrac{1}{K_v\tau}$，则

$$P^*(s)=\frac{2K_v\tau(1-0.5\tau s)}{\tau^2 s^2+\tau s+2} \tag{3-18}$$

二、非自衡过程抗扰动控制

（一）二阶控制器整定

由以上分析可知，非自衡对象的控制可以转化为非最小相位对象的二阶控制器设计问题，控制方案如图 3-12 所示。

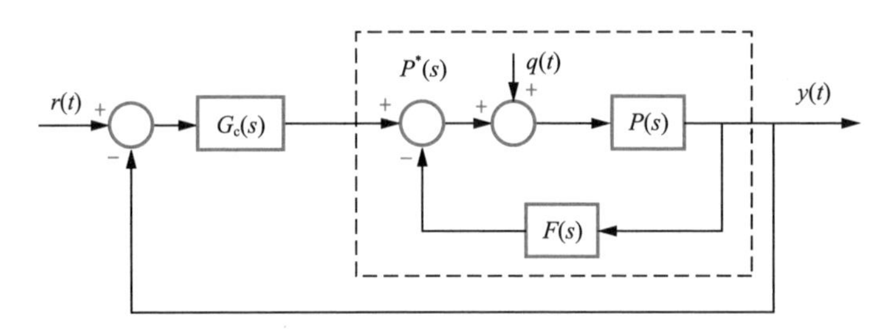

图 3-12　非自衡对象控制方案

二阶通用控制器设计步骤如下：

（1）令 $F(s)=\dfrac{1}{2K_v\tau}$；

（2）式（3-1）中，$n_3=0$，系统无差；

（3）$n_2=1.5\tau$，$n_1=Nkn_2$（$N=1,2,3\cdots$），考虑系统稳定性，建议 N 取稍大值，通常选取 $N=8\sim10$；

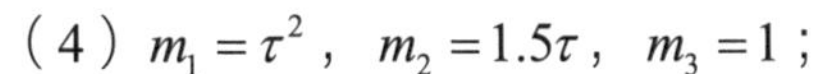

（4）$m_1=\tau^2$，$m_2=1.5\tau$，$m_3=1$；

（5）通用控制器比例系数 K 和 N 可通过选取不同的目标函数求得，例如选取 ITAE 指标（integrated time absolute error criterion）即可

$$\mathrm{ITAE}=\int_0^{\infty} t\,|\,e(t)\,|\,\mathrm{d}t \tag{3-19}$$

（二）扰动抑制分析

内部模型定理：假设图 3-12 所示的闭环系统是稳定的，则控制对象的输出 $y(t)$ 无稳态偏差地跟踪参考输入 $r(t)$ 的充要条件是，环路传递函数 $H(s)=G_{\mathrm{c}}(s)P^*(s)$ 包含有参考输入 $r(t)$ 的产生模型 $G_{\mathrm{R}}(s)=L^{-1}[r(t)]$。

内部模型定理说明对于扰动 $q(t)$ 而言，要使系统输出没有稳态误差，则环路传递函数中应包含有积分作用，如显式地包含积分环节 $\dfrac{1}{s}$，或隐式地包含积分环节 $\dfrac{1}{1-\mathrm{e}^{-\tau s}}$。

图 3-12 中扰动量 $q(t)$ 经过 $P(s)$ 反馈到控制器 $G_{\mathrm{c}}(s)$ 的输入端。相当于扰动量 $q(t-\tau)$ 经积分环节 $\dfrac{1}{s}$ 反馈到控制器的输入端。扰动 $q(t)$ 充分利用了对象时滞环节的记忆特性，利用 1 个周期以前的信息 $q(t-\tau)$ 不断学习积累，从而获得高精度的跟踪性能；对象的积分环节 $\dfrac{1}{s}$ 恰恰也提高了在扰动激励作用下的系统控制品质。所以该方法对一定周期的重复性扰动具有良好的抑制作用。特别是，满足 $L\leqslant\tau$，L 是重复性扰动信号的周期，对扰动的跟踪能力最强，该系统对扰动的抑制能力也最明显。

三、实例仿真

（一）仿真结果

对象 $P(s)=\dfrac{0.21}{s}\mathrm{e}^{-5.3s}$，采用图 3-12 所示的方案进行仿真控制，$F(s)=0.449$，二阶控制器中，$m_1=28.09$，$m_2=7.95$，$m_3=1$，$n_1=15.9$，$n_2=7.95$，$n_3=0$，$k=0.2$。与一阶控制器和 Smith 预估补偿算法 [18] 比较，仿真结果如图 3-13 所示。由于一阶控制器中去掉了系统运动的加速度项 m_1s^2，所以控制效果不如二

阶控制器。本书提出的方法结构更简单，控制效果也优于文献 [18] 中改进的 Smith 预估补偿算法。

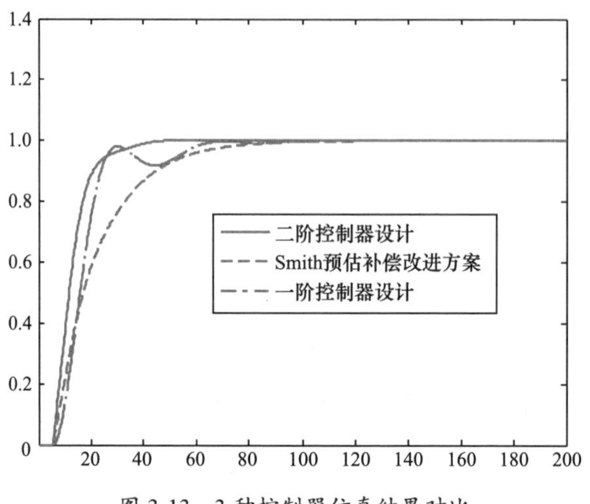

图 3-13　3 种控制器仿真结果对比

（二）鲁棒性检验

控制器参数保持不变，对象 $P(s)$ 的参数 K_v 和滞后时间 τ 分别增大和减小 10% 和 20%，系统仿真结果如图 3-14 所示，当对象参数 K_v 和 τ 增大 20% 时，系统出现了一定的波动，可以通过调整二阶控制器前置系数 k 来解决。对模型不确定性而言，系统的鲁棒性较好。

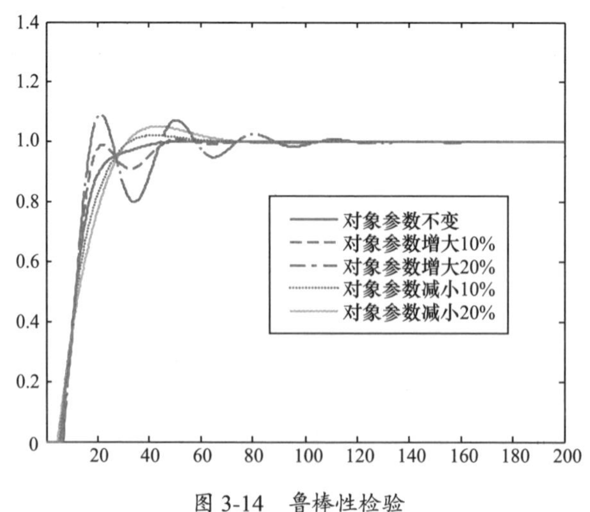

图 3-14　鲁棒性检验

（三）周期性扰动测试

在 q 端分别加入幅值 20% 的正弦和锯齿波扰动，正弦扰动见表 3-1，仿真结果如图 3-15 所示。

表 3-1　　正弦扰动参数

序号	周期（s）	频率（Hz）	函数
1	1	1	$0.2\sin 6.28t$
2	1.3	0.75	$0.2\sin 4.71t$
3	4	0.25	$0.2\sin 1.57t$
4	10	0.1	$0.2\sin 0.628t$

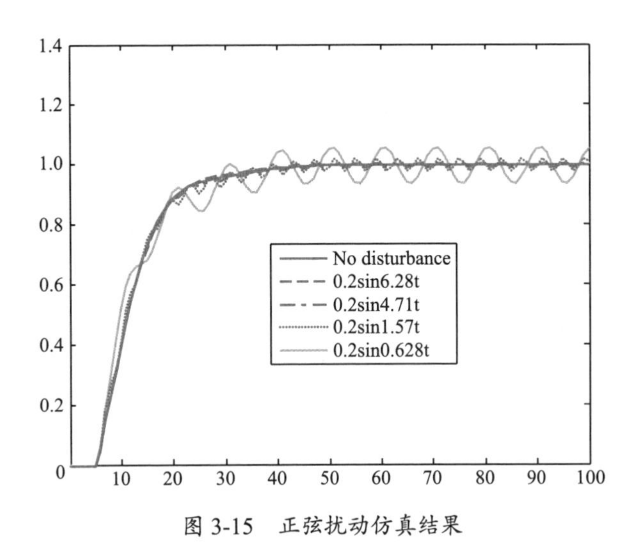

图 3-15　正弦扰动仿真结果

在扰动 q 端加入幅值 20%，周期分别为 2、5、10、15s 的锯齿波，仿真结果如图 3-16 所示。

由图 3-15 和图 3-16 可知，当扰动周期 $L \geqslant 2\tau$ 时，系统对周期性扰动的抑制能力逐渐变弱。

四、结论

（1）通过反馈补偿可以将含有积分环节的不稳定滞后过程（IPDT 模型）补偿为二阶非最小相位对象。对于含有右半复平面零点的非最小相位系统的控制可以通过设计二阶系统的通用控制器来实现。仿真结果表明，二阶控制器由于含有系统运动的加速度项，控制效果要优于一阶控制器；同时，本文提出的方法设计简便，控制效果优于 Smith 预估补偿算法，而且具有较好的鲁棒性能。

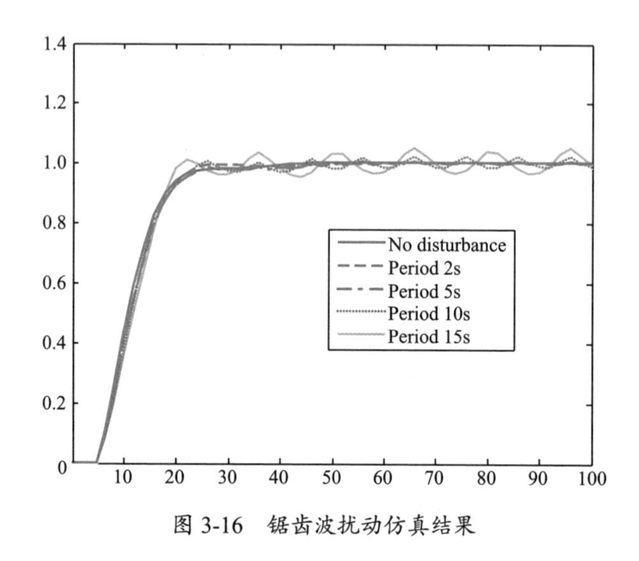

图 3-16　锯齿波扰动仿真结果

（2）扰动量 q 充分利用对象滞后环节的记忆特性，经积分环节反馈至控制器的输入端，能够快速、无差地跟踪任意周期的扰动信号。仿真结果证明该方案对周期性的重复扰动具有一定的抑制能力。

第四章
非最小相位过程控制

具有右半复平面零点的对象属于非最小相位对象。非最小相位对象在能源系统中广泛存在，热工控制中的锅炉汽包水位和锅炉主蒸汽压力对象、水力发电中的水轮机调速系统等都具有典型的非最小相位特征。纯迟延环节用 Pade 近似或者泰勒级数展开，就会发现具有右半平面的零点存在，也是一类非最小相位对象。由于存在非最小相位特性，要求控制系统在确保输出跟踪的同时还要兼顾内部稳定性，在克服系统负调的同时，要尽量提高其响应速度。因此同时抑制超调、负调和确保调整时间也就成了此类非最小相位系统控制器设计的关键难题。

实际工程应用中，非最小相位特性带来的主要问题有：①破坏控制系统的状态约束条件，即时域内系统在初始阶段阶跃响应为负，响应速度缓慢，影响系统的稳定性和动态品质；②使系统的鲁棒性能变差；③误导操作人员认为系统调节故障，引起不必要甚至错误的人工干预。

对于非最小相位对象的控制，其解决问题的思路主要分两种：①基于极点配置的思想，将非最小相位对象的控制问题转化为镇定问题，如滑模控制、状态反馈；②利用动态特性相近的某最小相位对象替代原非最小相位对象进行控制器的设计，如模块化控制和零点忽略技术。近些年，一些新的方法也不断涌现，如分数阶 PID 控制、预测控制、重复控制、自适应控制等。以上方法或是由于结构复杂难以在 DCS 中组态实现，或是由于参数整定困难，或是由于原理深奥，都难以在实际工程中应用推广。在工程实际中，对于非最小相位的控制仍是以 PID 控制为主，这是由 PID 控制突出的鲁棒性能和在 DCS 中方便成熟的组态技术决定的。

第一节　非最小相位过程 PID 控制器参数整定

本节将含有右半复平面零点的非最小相位系统近似拟合为一个稳定的大滞

后系统，应用一种大滞后系统的 PID 控制器参数两步整定方法对系统 PID 控制器参数进行粗调，然后通过调整比例系数 α，便可以成功地设置非最小相位系统的 PID 控制器参数，达到抑制非最小相位时滞和负调的作用。

一、非最小相位对象动态特性分析

式（4-1）是具有一个右半复平面零点的非最小相位系统，即

$$P(s)=\frac{K_{\mathrm{p}}(1-T_{\mathrm{p}}\mathrm{s})}{(1+T_1 s)(1+T_2 s)} \tag{4-1}$$

其中，K_{p}、T_{p}、T_1、$T_2>0$。将纯迟延环节 $\mathrm{e}^{-\tau s}$ 采用 Pade 近似展开，得到

$$\mathrm{e}^{-\tau s}=\frac{1-0.5\tau\mathrm{s}}{1+0.5\tau s} \tag{4-2}$$

式中　τ——纯滞后时间。

式（4-1）和式（4-2）都含有一个右半复平面的零点，如果给式（4-1）配置一个左半复平面的零、极点，那么式（4-1）的非最小相位系统就变成了一个稳定的滞后系统，即

$$P'(s)=\frac{K_{\mathrm{p}}(1+T_{\mathrm{p}}\mathrm{s})}{(1+T_1 s)(1+T_2 s)}\mathrm{e}^{-2T_{\mathrm{p}}s} \tag{4-3}$$

某非最小相位热工对象的传递函数如式（4-4）所示，即

$$G(s)=\frac{5(1-0.8\mathrm{s})}{(1+0.4s)(1+4.8s)} \tag{4-4}$$

利用式（4-1）～式（4-3）转化为滞后对象为

$$G'(s)=\frac{5(1+0.8\mathrm{s})}{(1+0.4s)(1+4.8s)}\mathrm{e}^{-1.6s} \tag{4-5}$$

式（4-4）和式（4-5）的开环阶跃响应如图 4-1 所示。

由图 4-1 开环特性的对比可以看出，在滞后时间（τ=1.6s）之后，两个对象式（4-4）和式（4-5）的开环特性曲线完全重合，动态特性相同。在滞后时间之内，非最小相位对象式（4-4）有明显的时滞和负调。对于非最小相位对象，PID 控制器参数整定的困难来自滞后时间之内的一段特性曲线，以比例系数 K_{c} 为例，作用过强会引起负调的加剧，甚至于过调，比例作用太弱，调整

时间会过长。尤其从开环特性来看，非最小相位系统不仅有负调还有时滞，因此合理地加入微分作用是非常必要的。综上所述，如何合理地设计滞后时间之内一段曲线的 PID 控制器参数，对非最小相位系统的控制器设计至关重要。

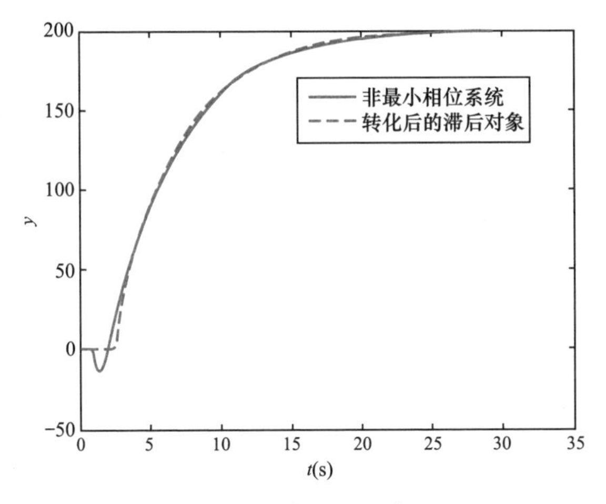

图 4-1　对象的开环特性

由图 4-1 开环特性的对比也可以看出，迟延环节也是一类非最小相位系统，它是含有右半复平面零点非最小相位系统的一种特殊情况。

二、PID 控制特性分析

典型的 PID 控制系统如图 4-2 所示。

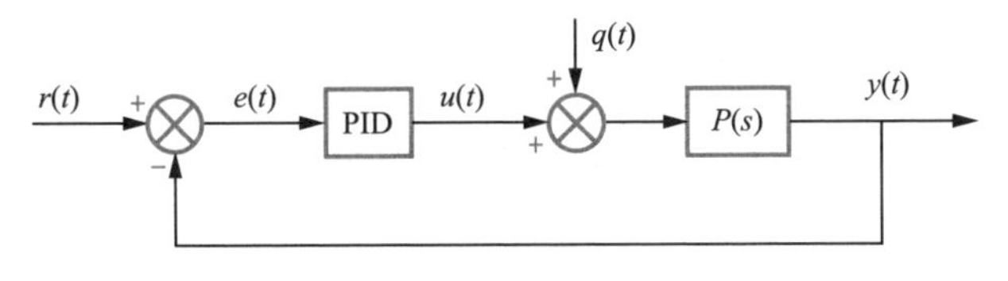

图 4-2　典型的 PID 控制系统

PID 控制器输出 $u(t)$ 如式（4-6）所示，即

$$u(t)=K_c\left[e(t)+\frac{1}{T_i}\int_0^t e(t)\mathrm{d}t+T_d\frac{\mathrm{d}e(t)}{\mathrm{d}t}\right] \tag{4-6}$$

式中　$e(t)$、T_i、T_d——控制器输入偏差信号、积分时间常数和微分时间常数。

控制器的传递函数为

$$C(s)=K_c\left(1+\frac{1}{T_i s}+T_d s\right) \tag{4-7}$$

微分作用表达式为

$$u_{pd}=K_c\left[e(t)+T_d\frac{de(t)}{dt}\right]=K_c e(t+T_d) \tag{4-8}$$

由式（4-8）可知，PD 作用可以看作是对误差在 $t+T_d$ 时刻的线性预测。

式（4-7）并不是实现 PID 控制算法的唯一形式，PID 控制算法也可是如下形式

$$C(s)=K_c\frac{(1+T_i s)}{T_i s}(T_d s+1) \tag{4-9}$$

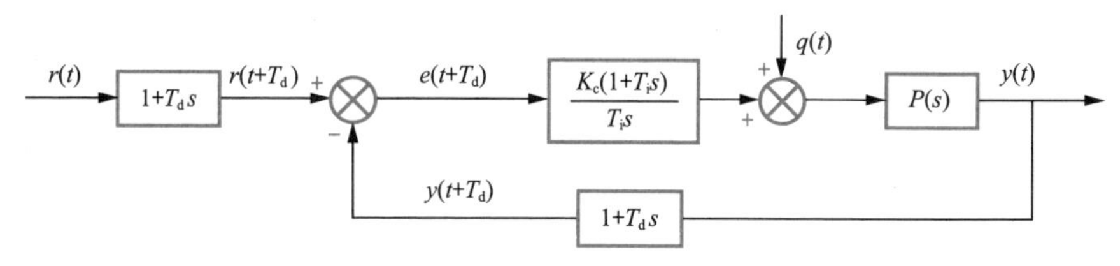

图 4-3　等价的 PID 控制系统图

采用式（4-9）的 PID 控制系统如图 4-3 所示，由图 4-3 可知，PI 控制器的输入信号 $\tilde{e}(t)$ 为

$$\tilde{e}(t)=r(t)+T_d\frac{dr(t)}{dt}-y(t)-T_d\frac{dy(t)}{dt} \tag{4-10}$$

式中　$r(t)$——系统给定值；

$y(t)$——系统输出。

$$\tilde{e}(t)=e(t+T_d)=r(t+T_d)-y(t+T_d) \tag{4-11}$$

式（4-10）和式（4-11）可以清楚地表达出 PID 控制器对系统误差的超前预测作用。

由以上分析可知，只要参数设计合理，PID 控制器还是能够克服式（4-1）所示非最小相位对象的时滞和负调。

式（4-7）和式（4-9）中的理想微分作用在实际应用中是无法实现的，式（4-12）是目前应用广泛的 PID 控制器形式，即

$$C(s)=K_c+\frac{K_i}{s}+\frac{K_d s}{T_d s+1} \tag{4-12}$$

式中　K_i 和 K_d——积分作用和微分作用的增益系数。

三、非最小相位过程 PID 控制器参数整定

一种二阶大滞后对象［见式（4-13）］简单的 PID 控制器参数两步整定方法如下所述。第 1 步，针对稳定的二阶系统 $G_1(s)=\dfrac{k}{as^2+bs+1}$ 设计 PID 控制器参数，这是容易做到的，现在有多种优化方法来设计这种系统的控制器参数。第 2 步，设置和调整控制器前置系数 K_f，来达到整定二阶大滞后系统控制器参数的目的，其控制系统如图 2-43 所示，即

$$G(s)=\frac{k\mathrm{e}^{-\tau s}}{as^2+bs+1}=\mathrm{e}^{-\tau s}G_1(s) \tag{4-13}$$

这种方法的主要优点是通过调整前置系数 K_f 来同时调整 PID 控制器的 4 个参数，即 K_c、K_i、K_d 、T_d 达到克服纯滞后时间 τ 的目的，使控制器参数整定简单实用。另外，二阶系统是控制系统中最具代表性的系统。因而，一般情况下，针对二阶系统所设计的控制器具有通用性。

同样，对于式（4-1）所示的非最小相位对象，首先，利用 Pade 近似将其转化为最小相位加纯滞后的二阶对象，如式（4-3）所示。然后，便可以利用大滞后系统的两步整定法对式（4-3）进行 PID 控制器参数整定，具体步骤如下：

第 1 步，针对式（4-3）传递函数中不带纯滞后部分，设计 PID 控制器参数；第 2 步，考虑式（4-3）中的纯滞后因子，在所得到的 PID 控制器的前面增设前置系数 K_f，调节 K_f 以克服纯滞后因子对闭环系统性能的不利影响及非最小相位系统的负调，如图 4-4 所示。

由于 $P'(s)$ 毕竟是实际对象 $P(s)$ 的近似模型，按照上述方法对 $P'(s)$ 设计出的 PID 控制器参数，还要进行必要的调整，为此，引进一个比例调整系数 $\alpha\in(0,1)$，从而把上述第 1 步得到的 PID 控制器表达式（4-12）修改成式（4-14），即

$$C(s)=\alpha K_c+\frac{K_i}{s}+\frac{K_d s}{T_d s+1} \tag{4-14}$$

最后，得到整个控制系统结构，如图 4-4 所示。

前置系数 K_f 是 $h=\dfrac{T_p}{t_p}$ 的单调递减函数，其中 t_p 是系统阶跃响应曲线超调量

的第一个峰值时间，$K_f = f(h)$ 可以通过曲线拟合的方法得到。

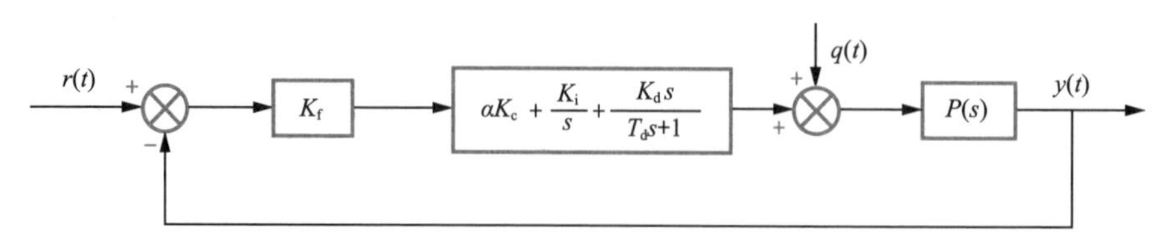

图 4-4　PID 控制系统结构图

四、实例仿真

采用图 4-4 所示的控制系统，令 $P(s)=G(s)$，对式（4-4）的对象进行仿真实验，并同经典的 Ziegler-Nichols[18，40] 和 S-IMC[18，40] 整定方法进行对比，整定参数见表 4-1，仿真结果如图 4-5 所示，由图 4-5 可知，两步整定方法没有产生负调和超调，而且也没有牺牲系统调整时间，效果明显好于 Ziegler-Nichols 和 S-IMC 的方法。

表 4-1　PID 控制器整定参数

整定方法	控制系统参数
两步整定	$K_f = 0.05$ $\alpha = 0.4$ $K_c = 0.5$ $K_i = 0.286$ $K_d = 0.1$ $T_d = 1$
Ziegler-Nichols	$K_c = 0.06$ $K_i = 0.086$ $K_d = 0.48$ $T_d = 1$
S-IMC	$K_c = 0.12$ $K_i = 0.017$ $K_d = 0.48$ $T_d = 1$

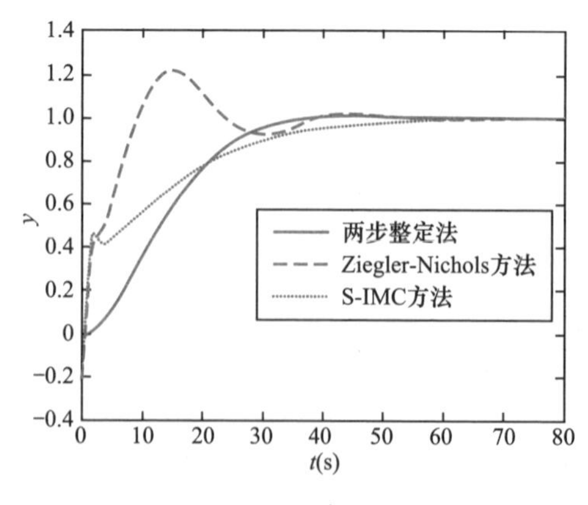

图 4-5　仿真结果

为了考量不同过程模型下闭环系统的鲁棒性，可以认为控制对象$P(s)$是一系列线性模型的集合，即$P(s)=P_n(s)+\Delta P(s)$，其中$P_n(s)$是过程对象的标称模型。因此，在PID控制器参数不变的情况下，将式（4-4）的控制对象的各个参数均改变±20%进行仿真试验，结果如图4-6所示。由图4-6可知，系统的最大超调量也没有超过5%。

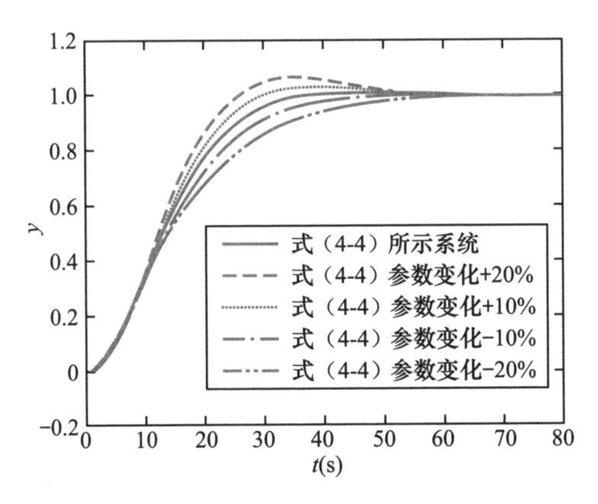

图4-6　不同过程模型的鲁棒性测试1

为了进一步考量不同过程模型下闭环系统的鲁棒性，图4-7所示为PID控制器参数不变的情况下，将过程模型式（4-4）的分子、分母分别增大、减小20%或者减小、增大20%的仿真结果。由此可知，这一组仿真结果优于将式（4-4）的各个参数均改变±20%的情形。

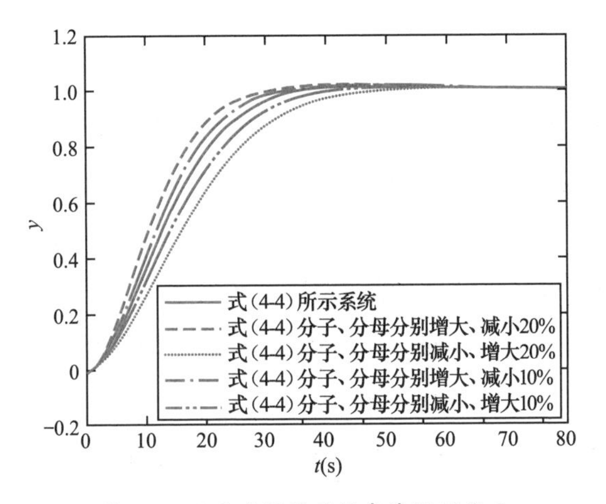

图4-7　不同过程模型的鲁棒性测试2

工程应用中图 4-4 系统结构图中的扰动 $q(t)$ 是指控制器输出执行机构的误差，实际应用中以阀门为例，执行机构的抖动误差超过 5% 就认为非常大了。因此，在图 4-4 扰动 $q(t)$ 处分别加入 3% 和 5% 的阶跃信号，来考量闭环系统对于扰动的鲁棒性，如图 4-8 所示。

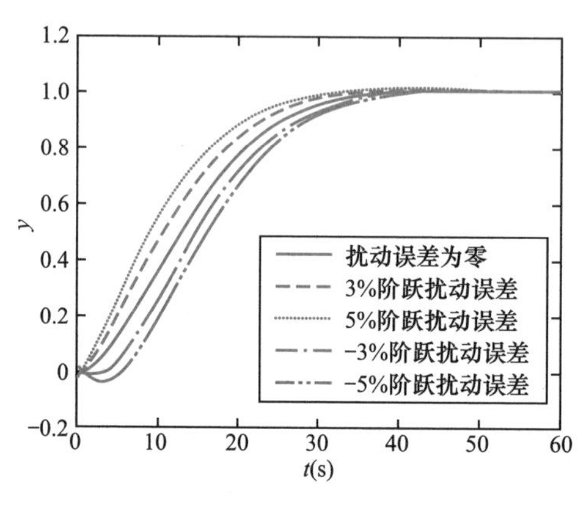

图 4-8　扰动鲁棒性测试

由图 4-8 可知，执行机构输出误差为正值，也就是说执行机构的输出比控制器的输出响应更快时，系统调节时间快并伴有少量的超调；而当执行机构扰动为负值时，也就是说执行机构的输出比控制器的实际输出小，执行机构跟不上控制器的调整速度，系统的上升时间变慢，对负调的克服不是非常理想。

五、结论

具有右半复平面零点的非最小相位对象，其开环动态特性不仅具有一定的时滞还具有很强的负调特性。PID 控制不仅能够实现无差调节，而且对于系统误差还具有一定的超前预测作用。只要合理设置 PID 控制器参数完全可以达到克服此类非最小相位系统时滞和负调的目的。

将一种二阶大滞后系统的 PID 控制器参数两步整定方法应用于非最小相位系统的控制，成功克服了由右半复平面零点引起的时滞和负调，控制效果明显好于 Ziegler-Nichols 和 S-IMC 整定方法，仿真实验证明了该方法的有效性和鲁棒性。该方法整定简单、鲁棒性好，值得在工程应用中推广。

第二节　非最小相位过程工程控制方法

尽管 PID 控制可以实现非最小相位对象的无差控制，尤其对于含不稳定零点的非最小相位对象，仅当非最小相位作用不十分剧烈时，利用 PID 控制超前的误差预测性能，可以克服不稳定零点引起的负调和时滞。但是，对负调的克服是以牺牲系统的响应速度为代价，使系统的鲁棒性变差，降低了系统的控制品质。尤其当非最小相位作用比较突出时，常规的 PID 控制无法获得期望的控制品质。也就是说，对于含有不稳定零点的非最小相位对象，所需要解决的主要问题是，在抑制系统负调、确保稳定性的同时，应该尽量提高系统的响应速度、缩短系统的上升时间。事实上，关于非最小相位对象的控制问题始终是工程应用中具有挑战性的问题之一。

基于此，提出了一种非最小相位对象工程控制及其整定方法。首先，为了兼顾非最小相位系统的输出跟踪能力和稳定性，设计鲁棒 PID 控制器实现系统无差控制，提高系统稳定性，同时克服系统由不稳定零点引起的负调；然后，在参考输入端设计二阶滤波器，并引入系统位置误差、速度误差、加速度误差信息，以提高系统的响应速度，缩短上升时间，改善系统动态性能。

一、非最小相位过程动态特性

具有正实部零点的非最小相位对象一般表示为

$$G(s)=\frac{K(1-T_{p}s)}{(T_{1}s+1)(T_{2}s+1)} \tag{4-15}$$

汽轮机调节阀扰动下锅炉主蒸汽压力传递函数可表示为

$$G(s)=\frac{5(1\text{-}0.8s)}{(0.4s+1)(4.8s+1)} \tag{4-16}$$

图 4-9 所示为式（4-16）的非最小相位对象在阶跃扰动下的动态特性。由图 4-9 可知，非最小相位对象在阶跃作用下，系统输出开始会向反方向变化，具有一定的负调，然后才能跟踪阶跃信号。由不稳定零点引起的负调给最小相位系统的控制带来了非常大的影响。

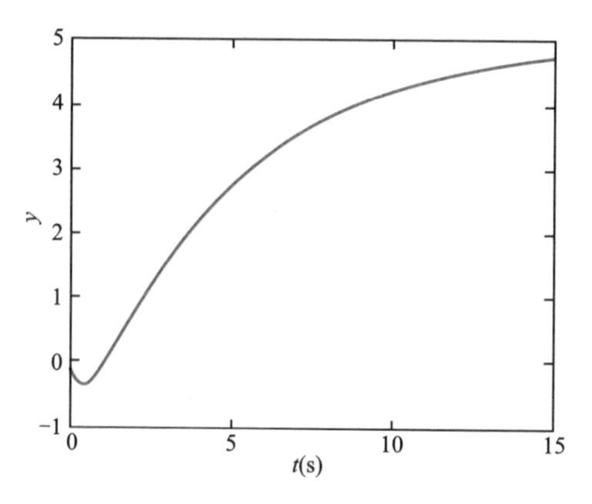

图 4-9　非最小相位对象动态特性

实际工程应用中，非最小相位特性带来的主要问题有：①破坏控制系统的状态约束条件，即时域内系统在初始阶段阶跃响应为负，响应速度缓慢，影响系统的稳定性和动态品质；②使系统的鲁棒性能变差；③误导操作人员认为系统调节故障，引起不必要甚至错误的人工干预。

二、非最小相位过程工程控制方案

非最小相位对象工程控制方案如图 4-10 所示。

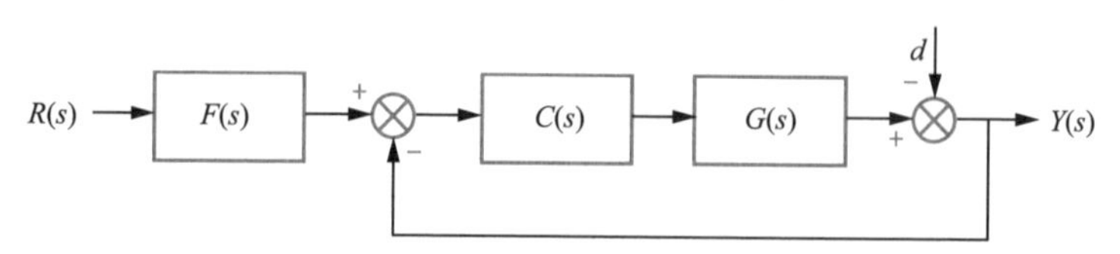

图 4-10　非最小相位对象工程控制方案

$F(s)$—二阶滤波器；$C(s)$—鲁棒 PID 控制器；$G(s)$—被控对象；d—系统扰动

$C(s)$ 为实际 PID 控制器，其表达式为

$$C(s)=K_c+\frac{K_i}{s}+\frac{K_d s}{T_d s+1} \tag{4-17}$$

式中　K_c—— PID 控制器比例增益；

K_i——积分增益；

K_d——微分增益；

T_d—— PID 控制器微分时间。

三、非最小相位过程工程控制参数整定

控制系统的参数整定可以分两步进行，首先令 $F(s)=1$ ，先设计鲁棒 PID 控制器；然后依据系统所期望的动态特性，整定二阶滤波器 $F(s)$ 。

（一）鲁棒 PID 控制器设计

1. H_∞控制

H_∞控制是针对系统受到的最强干扰和最大程度的模型不确定性进行控制器的优化设计。其基本的控制结构如图 4-11 所示。

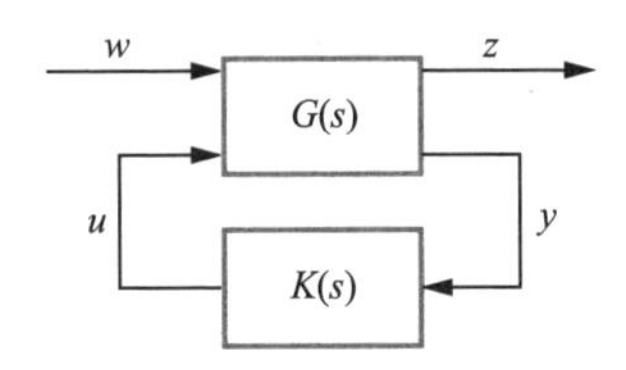

图 4-11 H_∞控制基本结构

ω—外部输入信号，一般包括设定值输入和各种干扰、噪声等；u—控制器输出；y—观测到的系统输出；z—系统性能输出；$K(s)$—控制器；$G(s)$—广义被控对象

由此可知，H_∞控制的实质是控制器 $K(s)$ 的求解问题。H_∞控制系统如图 4-12 所示。

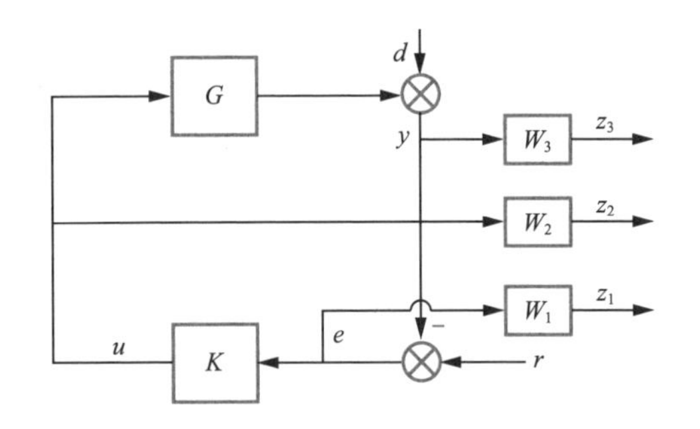

图 4-12 H_∞控制系统

r—系统设定值；d—干扰信号；e—系统偏差；u—控制器输出；y—系统输出；G—广义被控对象；K—控制器；z_1—系统偏差性能信号；z_2—控制器调节性能信号；z_3—执行机构输出性能信号；W_1、W_2、W_3—相应性能信号的加权函数

当控制器结构确定时，H_∞鲁棒 PID 控制器设计的关键问题是加权函数的选择问题。

若S为灵敏度函数，T为补灵敏度函数，即

$$S=\frac{1}{1+GK} \tag{4-18}$$

$$T=\frac{GK}{1+GK} \tag{4-19}$$

$$R=SK \tag{4-20}$$

$$T=1-S \tag{4-21}$$

H_{∞}控制的主要目的是设计控制器K使系统闭环稳定并满足

$$\left\|\begin{matrix}W_1S\\W_2R\\W_3T\end{matrix}\right\|_{\infty}\leqslant 1 \tag{4-22}$$

如果被控对象的传递函数含有纯迟延环节$\mathrm{e}^{-\tau s}$，加权函数可以选择为超前环节，即

$$W_i(s)=\frac{k_i(m_is+1)}{n_is+1},\ m_i>n_i\ ,i=1,2 \tag{4-23}$$

如果被控对象传递函数不含有纯迟延环节$\mathrm{e}^{-\tau s}$，为简便起见，加权函数一般选择为常数，即$W_i(s)=m_i$。

2. 鲁棒PID控制器参数整定

若图4-12中控制器K选择为PID控制器［见式（4-17）］，在PID控制器参数确定、控制器保持不变的情形下，使其具有突出的鲁棒性能，对系统干扰和模型参数摄动都有突出的抑制能力是本书研究的目的。鲁棒PID控制器的整定分两步进行。

第1步，采用零点忽略技术，将非最小相位对象转化成与之对应的最小相位对象，即

$$\mathrm{e}^{-\tau s}=\frac{1-0.5\tau s}{1+0.5\tau s} \tag{4-24}$$

利用式（4-24）的Pade近似，可以将式（4-15）近似为式（4-25）稳定的二阶纯迟延系统，即

$$G^*(s)=\frac{K(1+T_\mathrm{p}s)}{(T_1s+1)(T_2s+1)}\mathrm{e}^{-2T_\mathrm{p}s} \tag{4-25}$$

同理，式（4-16）近似的二阶纯迟延系统为

$$G^*(s)=\frac{5(1+0.8s)}{(1+0.4s)(1+4.8s)}\mathrm{e}^{-1.6s} \tag{4-26}$$

第 2 步，针对式（4-25）、式（4-26）近似的最小相位系统，基于混合灵敏度整定 PID 控制器参数。

混合灵敏度设计既考虑了外部扰动对控制系统的影响，又考虑了系统内部参数的摄动，能够最大程度地满足系统的鲁棒性能，是鲁棒控制器常用的设计方法。由于灵敏度 S 是考量系统抗扰能力的主要指标，而补灵敏度 T 是考量系统鲁棒性的主要指标，合理选择它们的加权函数既可以确保系统的输出跟踪能力，又可以兼顾系统的内部稳定性。因此，灵敏度 S 的加权函数和补灵敏度 T 的加权函数的选择往往是相互影响的。

在 H_∞ 控制中，直接令表征系统鲁棒性能的补灵敏度函数 T 等于系统所期望的闭环传递函数，那么依据该闭环传递函数的性能指标衰减率 φ、最大超调量 M_p、上升时间 t_r、调节时间 t_s、峰值时间 t_p、稳态误差 e_ss 等，就可以整定 PID 控制器 K 的各项参数。以系统的鲁棒性指标设计得到的 PID 控制器，即为鲁棒 PID 控制器。

为了突出系统响应速度，缩短系统的调节时间，也可以选取时间与绝对误差乘积积分（ITAE）指标作为系统的目标函数，设计鲁棒 PID 控制器的参数，采用遗传算法或帝国竞争算法进行求解，即

$$\mathrm{ITAE}=\int_0^\infty t\left|e(t)\right|\mathrm{d}t \tag{4-27}$$

式中　$e(t)$——闭环系统输出与设定值之间的偏差。

3. 改进的帝国竞争算法

帝国竞争算法（imperialist competitive algorithm，ICA）的计算流程如图 4-13 所示，其基本内容和运算步骤见文献 [45]。

帝国的势力是该帝国殖民地国家的势力与殖民地平均势力的和，采用加权求和的方式，即

$$T_n=(1-\delta)\frac{\sum\limits_{i=1}^{N_\mathrm{C}}C_i}{N_\mathrm{C}}+\delta\frac{\sum\limits_{j=1}^{N_\mathrm{P}}P_{nj}}{N_\mathrm{P}} \tag{4-28}$$

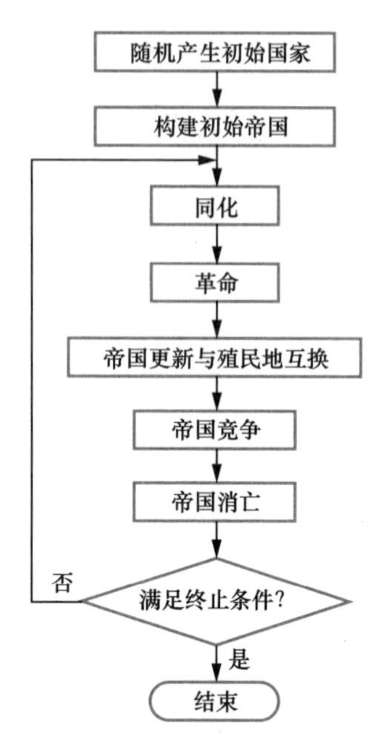

图 4-13　帝国竞争算法流程

式中　T_n——第 n 个帝国的势力；

P_{nj}——第 n 个帝国第 j 个殖民地的势力；

N_P——帝国殖民地个数；

C_i——帝国所属第 i 个殖民国家的势力；

N_C——殖民国家的个数；

δ——加权系数，可令 $\delta = 0.1$ 。

为了进行殖民地分配，建立帝国势力向量，即

$$T = \left[T_1, T_2, \cdots, T_{N_T}\right] \tag{4-29}$$

式中　N_T——当前帝国的数量。

为了防止算法过早收敛，在构建初始帝国、殖民地同化、殖民地革命阶段，借用遗传算法的思想进行改进。

在算法开始时，利用遗传算法迭代 λ 次，得到势力最强 N_C 个国家作为帝国竞争算法的初始帝国，即

$$T_i = \frac{1}{\varepsilon_t \mathrm{Fit}(i)} \tag{4-30}$$

式中　T_i——第 i 个帝国的势力；

Fit(i)——第 i 个帝国的适应度值；

ε_t——调节系数。

由式（4-30）可知，适应度值越小，其适应度越好，帝国势力越强。

殖民地同化是帝国所属殖民地逐渐趋向殖民国家的过程。在殖民地同化阶段采用部分交叉复制算法，即在殖民国家和殖民地序列中，选取某个或某几个位置的国家和殖民地进行交叉运算，其余位置可以复制，产生新的子代，子代当中势力较强者替换掉原来的殖民地，成为同化殖民地。

殖民地革命阶段采用交换变异算法，即从殖民地个体中选择 2 个位置的基因，进行互换得到新的殖民地。殖民地革命概率计算式为

$$P_r = \varepsilon_p e^{\frac{d}{\lambda_{max}}}\left(1-\frac{P_{c,i}}{P_{max,i}}\right) \tag{4-31}$$

式中　P_r——殖民地革命概率；

d——当前迭代次数；

ε_p——可调系数；

$P_{c,i}$——第 i 个帝国的殖民地归一化后的势力；

$P_{max,i}$——第 i 个帝国最大的归一化后势力。

在完成殖民地同化和革命步骤后，对所有帝国和其所属殖民地的势力进行筛查，如果发现殖民地的势力强于其帝国势力，即 $P_{ni} > T_n$，则交换殖民地和帝国的位置，得到新的帝国。

通过殖民地的再分配，使势力强的帝国不断获得殖民地，势力弱的帝国不断失去殖民地，直至消失。当帝国竞争算法陷入局部最优时，则重新调用遗传算法进行迭代。

（二）二阶滤波器参数整定

滤波器即输入整形，属于前馈控制范畴，可以消除系统在阶跃扰动下表现出来的振动。对象模型越精确，滤波器对系统振动的抑制效果越好。同样依据系统所期望的二阶振荡传递函数整定式（4-32）的二阶滤波器。二阶滤波器的极点与所期望的二阶振荡传递函数的极点一致，依据经典控制理论中二阶振荡环节的定义，由二阶振荡环节的阻尼比 ξ 和振荡频率 ω_n 就可以确定滤

波器 $F(s)$ 的极点，即 $n_1=1$ 、 $n_2=2\xi\omega_n$ 、 $n_3=\omega_n^2$ 。工程应用中，二阶振荡系统的阻尼比 ξ 在 0.4 ～ 0.8 之间，通常选取最佳阻尼比 ξ=0.707 ，自然振荡频率 $\omega_n=\omega_0=1$ 。

$$F(s)=\frac{m_1s^2+m_2s+m_3}{n_1s^2+n_2s+n_3} \tag{4-32}$$

式中　m_1——加速度误差系数；

m_2——速度误差系数；

m_3——位置误差系数。

m_1 、 m_2 、 m_3 分别表征系统跟踪加速度信号、斜坡信号和阶跃信号的能力，也可以认为分别表征系统所期望的运动加速度、速度和位置，可以依据系统所期望的输出稳态误差 e_{ss} 、上升时间 t_r 或延迟时间 t_d 来整定。

工程应用中，最简单的整定方法可以依据系统所期望的稳态误差 e_{ss} 来确定，即

$$m_1=\alpha_{m1}K_a=\alpha_{m1}\frac{1}{e_{ss}} \tag{4-33}$$

$$m_2=\alpha_{m2}K_V=\alpha_{m2}\frac{1}{e_{ss}} \tag{4-34}$$

$$m_3=\alpha_{m3}K_P=1 \tag{4-35}$$

式中　K_P 、 K_V 、 K_a——期望系统的位置误差系数、速度误差系数和加速度误差系数；

α_{m1} 、 α_{m2} 、 α_{m3}——二阶滤波器加速度误差项、速度误差项和位置误差项的比例系数。

四、实例仿真

采用图 4-10 所示的工程控制系统，对式（4-16）的火电机组汽轮机调节阀扰动下的锅炉主蒸汽压力非最小相位对象进行仿真实验分析。

（一）普通 PID 控制

以式（4-16）的控制对象为例，分别采用 Ziegler- Nichols 经验整定公式、

S-IMC 内模方法以及本章第一节中的方法整定 PID 控制器参数，不同 PID 控制器参数下系统阶跃响应输出如图 4-14 所示。由图 4-14 可知，曲线 1（本章第一节中的方法）虽然没有负调，但响应速度太慢，调节时间明显延长，控制品质降低。曲线 2、3（Ziegler- Nichols 经验公式和 S-IMC 内模方法）的响应速度虽然很快，但负调严重，振荡加剧，稳定性变差。

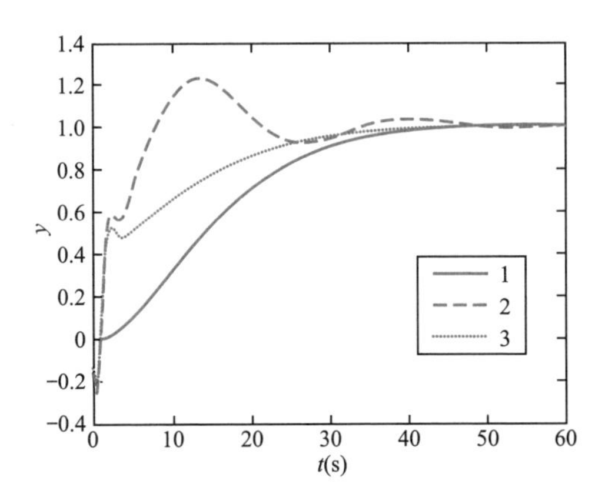

图 4-14　不同 PID 控制效果对比

普通 PID 控制器可以实现非最小相位对象的无差控制，确保系统输出跟踪能力，但是稳定性难以保证，振荡加剧，或者牺牲了系统的响应速度，调节时间太慢，品质降低。

（二）工程控制方法

1. 设定值跟踪

首先，令 $F(s)=1$，整定鲁棒 PID 控制器参数：$K_c=0.01$，$K_i=0.0143$，$K_d=0.005$，$T_d=1$。此时，系统输出没有负调。

（1）位置滤波。若式（4-32）的二阶滤波器中只考虑位置因素，令 $m_3=1$，$m_2=0$，$m_1=0$，选取最佳阻尼比 $\xi=0.707$，自然振荡频率 $\omega_n=\omega_0=1$，整定二阶滤波器为

$$F_1(s)=\frac{1}{s^2+1.414s+1} \tag{4-36}$$

系统的阶跃响应曲线以及控制器输出曲线如图 4-15 所示。位置滤波器式

（4-36）相当于一个二阶惯性环节，因此，它对系统动态特性的改善有限，而且还有一定的滞后。

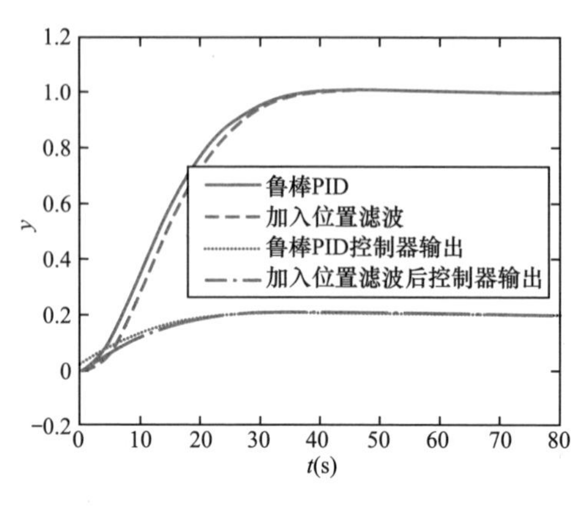

图 4-15　位置滤波器阶跃响应

（2）速度、位置滤波。若式（4-32）的滤波器中考虑位置、速度因子，整定得到速度滤波器为

$$F_2(s)=\frac{4.4s+1}{s^2+1.414s+1} \tag{4-37}$$

系统的阶跃响应曲线以及控制器输出曲线如图 4-16 所示。由图 4-16 可知，在滤波器中加入了速度项之后，系统的响应时间明显加快，动态特性得到了明显的改善。

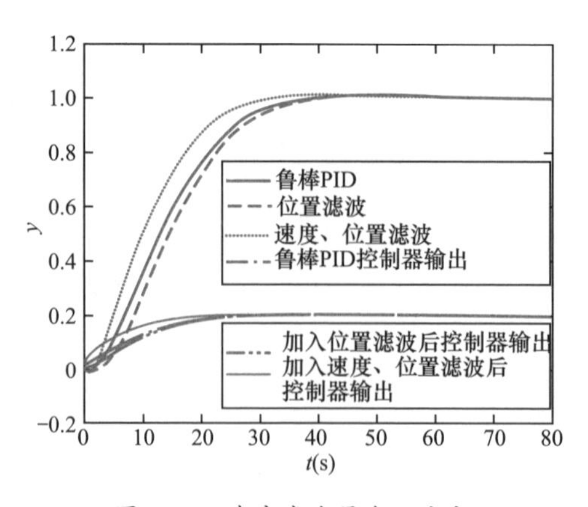

图 4-16　速度滤波器阶跃响应

（3）加速度、速度、位置滤波。若式（4-32）的滤波器中考虑位置、速度、加速度因子，整定得到的加速度滤波器为

$$F_3(s)=\frac{4.8s^2+6.8s+1}{s^2+1.414s+1} \tag{4-38}$$

系统的阶跃响应以及控制器输出曲线如图 4-17 所示。由图 4-17 可知，在加入系统运动加速度项之后，系统的响应速度进一步加快，动态特性得到进一步改善。开始阶段工程中允许范围内的微小负调，也是系统提高响应速度的结果。

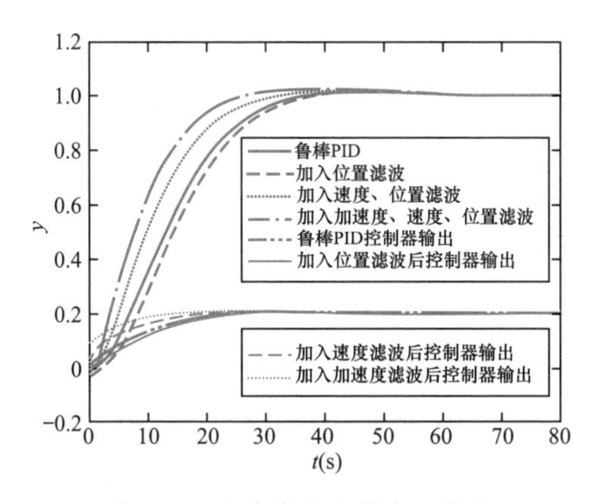

图 4-17　加速度滤波器阶跃响应

2. 鲁棒性分析

本书的 PID 控制器依据 H_∞控制设计。H_∞控制是针对最大程度的模型不确定性进行控制器的优化设计。因此，当控制对象参数发生大范围跃变时，以此来检验系统的鲁棒性是有效的。

当控制对象模型参数变化或者模型存在误差时，系统的稳定性由 PID 控制器保证。对于可确定的误差范围，总可以依据鲁棒 H_∞理论设计控制器以足够的稳定裕度来确保系统鲁棒稳定。同样，也可以依据最佳阻尼比、自然振荡频率以及系统所期望的运动位置、速度、加速度来设计二阶滤波器。

式（4-15）、式（4-16）的非最小相位对象参数 K、T_p、T_1、T_2 分别增大 20% 时，鲁棒 PID 控制器 $C(s)$ 和速度滤波器 $F(s)$ 的参数保持不变，其阶跃响应曲线如图 4-18 所示。

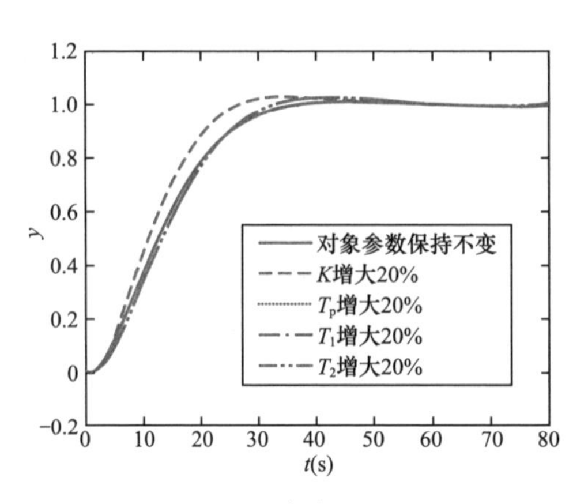

图 4-18　鲁棒性测试

由图 4-18 可知，系统对比例增益的变化比较敏感，不稳定零点和极点的变化对系统的影响较小。对于某一参数发生慢时变的对象，可以利用对象的在线辨识技术，以此来实现控制器参数的自校正，这样可以进一步提高系统的鲁棒性能。

五、结论

控制对象的非最小相位特性给控制系统带来很大的挑战，普通 PID 控制器虽然可以实现非最小相位对象的无差控制，但是难以获得能够满足工程需要的控制品质。其主要表现在：一方面要确保非最小相位系统的输出跟踪能力，又要兼顾过程的稳定性；另一方面，在克服系统负调的同时，还要尽量提高系统的响应速度，满足工程应用的需求。

提出了一种非最小相位对象工程控制及其整定方法。依据 H_∞理论设计 PID 控制器，以实现非最小相位对象的无差控制，并提高其稳定性，同时尽量减小系统负调；设计二阶滤波器，并逐步加入系统误差位置信息、速度信息、加速度信息来改善系统性能，提高系统的响应速度。实例分析证明该方法具有较好的鲁棒性，并且结构简单、整定方便、易于组态实现，具有工程应用推广价值。

第五章

SCR 烟气脱硝系统控制

选择性催化还原（selective catalytic reduction，SCR）技术是我国燃煤电厂广泛采用的脱硝技术。随着环保要求的不断提高，在达到国家排放标准的同时还需进一步降低运行成本，提高系统的经济水平。特别是，随着我国能源转型的进一步推进，可再生能源大规模建设和投运，为了确保可再生能源的消纳能力以及电网的稳定运行，大型燃煤发电机组势必要承担起电网深度调峰的重任。机组负荷快速、大范围的波动，会引起锅炉燃烧状况以及烟气中 NO_x 质量分数的剧烈变化，从而加剧对 SCR 烟气脱硝系统的干扰。因此，燃煤电厂 SCR 系统的运行优化和精确控制一直是学者关注的焦点。

燃煤电厂脱硝 SCR 氨喷射系统具有大惯性、大迟延和强扰动的特点。另外，由于系统物理结构复杂、工况变化剧烈、建模方法和算法的差异等，这些都进一步加剧了燃煤电厂 SCR 系统的不确定性。

第一节　SCR 烟气脱硝系统鲁棒抗干扰控制

提出了一种 SCR 脱硝系统的鲁棒抗扰动控制方法，在设计鲁棒 PID 控制器的基础上，利用鲁棒时滞滤波器来达到抑制系统强干扰的目的。仿真实验表明，鲁棒时滞滤波器的加入改善了系统的动态性能，同时使系统具有突出的抗干扰能力。

一、SCR 烟气脱硝系统动态特性分析

（一）SCR 烟气脱硝系统简介

火电厂燃煤锅炉 SCR 烟气脱硝系统如图 5-1 所示。

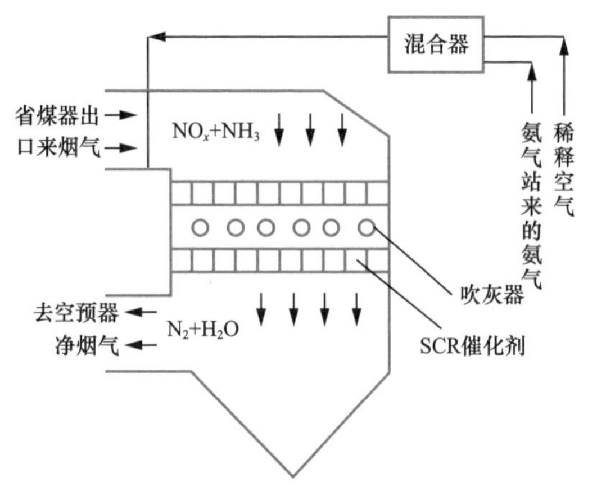

图 5-1 SCR 烟气脱硝系统示意图

SCR 烟气反应器布置在锅炉省煤器与空气预热器之间，催化剂采用 V_2O_5/TiO_2 基催化剂。由氨气发生器产生的氨气与稀释风机来的稀释空气混合后经喷氨格栅喷入烟道中，通过导流装置与省煤器出口来的烟气充分混合后进入反应器。混合烟气在催化剂的作用下发生选择性催化还原反应，将氮氧化物 NO_x 还原为无毒无害的氮气和水蒸气，从而实现火电机组烟气脱硝的目的。

烟气中的 NO_x 主要以 NO 的形式存在，也有少量的 NO_2，因此 SCR 烟气脱硝过程中发生的主要化学反应有

$$4NH_3 + 4NO + O_2 = 4N_2 + 6H_2O \tag{5-1}$$

$$4NH_3 + 6NO = 5N_2 + 6H_2O \tag{5-2}$$

$$2NH_3 + NO + NO_2 = 2N_2 + 3H_2O \tag{5-3}$$

$$8NH_3 + 6NO_2 = 7N_2 + 12H_2O \tag{5-4}$$

$$4NH_3 + 2NO_2 + O_2 = 3N_2 + 6H_2O \tag{5-5}$$

此外，SCR 脱硝过程中还会发生一些副反应，其中尤其与硫化物的反应危害性最大，即

$$NH_3 + SO_3 + H_2O = NH_4HSO_4 \tag{5-6}$$

$$2NH_3 + SO_3 + H_2O = (NH_4)_2SO_4 \tag{5-7}$$

NH_4HSO_4 是一种黏附性很强的酸性物质，不仅会吸附在催化剂表面造成催化剂失去活性，同时它黏附在设备表面难以去除，对锅炉下游设备造成了严

重的腐蚀，尤其对锅炉空气预热器的危害极大。再者，由于脱硝反应需要较高的烟气温度，SCR 烟气脱硝系统一般布置在锅炉省煤器和空气预热器之间，烟气在进入 SCR 反应器前没有进行 SO_3 的脱除。因此，为了减少 NH_4HSO_4 的生成，应当尽量避免过量喷氨。

工程应用中，SCR 烟气脱硝系统的主要控制目标有两个：①确保脱硝效率，将出口烟气的 NO_x 浓度控制在环保要求的范围内；②确保氨气逃逸率不超标，避免喷氨过量。SCR 烟气脱硝系统在运行过程中需要不断地调整和优化，在确保脱硝效率的基础上，构建较为精确的 SCR 烟气脱硝喷氨系统。

（二）SCR 烟气脱硝喷氨系统动态性能分析

火电厂 SCR 烟气脱硝系统控制原理方框图如图 5-2 所示。

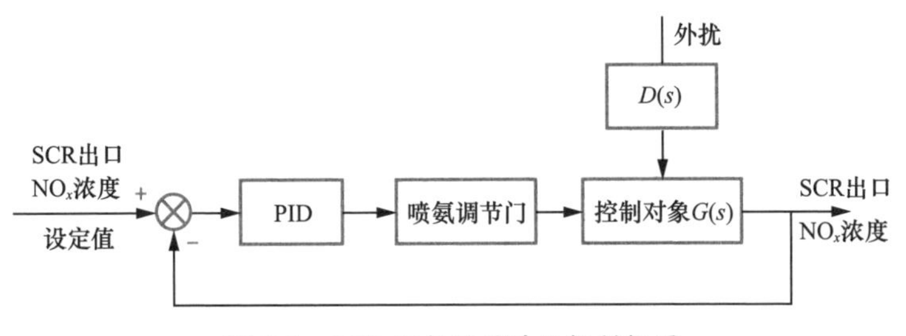

图 5-2　SCR 烟气脱硝系统控制框图

依据某电厂 600MW 超临界机组 SCR 烟气脱硝系统的实时运行数据，辨识得到喷氨量数学模型如下：

操作变量喷氨量与被调量出口 NO_x 浓度之间的传递函数为

$$G(s)=\frac{-0.227}{0.304s+1}e^{-0.5s} \tag{5-8}$$

扰动变量入口 NO_x 浓度与被调量出口 NO_x 浓度之间的传递函数为

$$D(s)=\frac{7.2354}{2s+1} \tag{5-9}$$

以上两传递函数的阶跃响应如图 5-3 所示。

由图 5-3 可知，扰动通道对系统的影响要远大于控制量通道，这与工程实际是相符的。例如，当机组负荷不变时，喷氨量稳定，往往由于锅炉燃烧工况的变化引起 SCR 入口 NO_x 浓度的波动，进而立即引起出口 NO_x 浓度，尤其脱硝效率的突变。因此，如何克服扰动侧（如入口 NO_x 浓度波动）对系统的影响，将是 SCR 烟气脱硝喷氨系统需重点解决的问题。

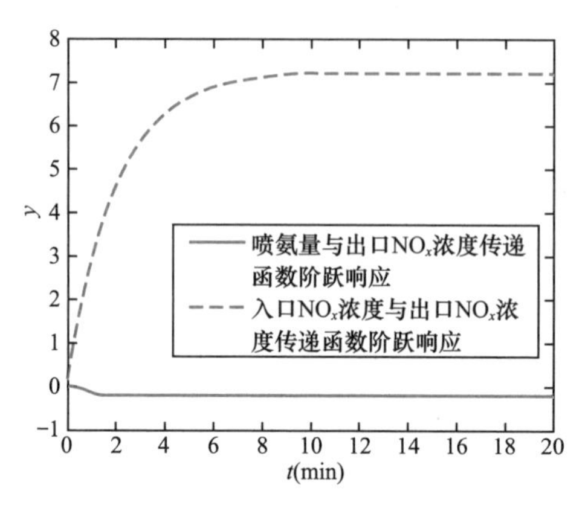

图 5-3　控制通道与扰动通道阶跃响应对比

（三）工程中 SCR 烟气脱硝系统喷氨控制现状及存在的问题

当前，工程应用中 SCR 烟气脱硝系统喷氨控制主要有三种方式：

（1）以氨氮摩尔比为基础的控制方式，辅以锅炉负荷函数作前馈。该方法不易造成氨的过度消耗，有利于出口氨逃逸的控制，缺点是出口 NO_x 浓度的波动较大，且因喷氨对象的非线性，机组负荷前馈的加入效果并不理想。

（2）固定效率 / 出口 NO_x 浓度控制方式，该方法不受氨氮摩尔比的限制，容易发生喷氨过量，不易控制出口氨逃逸，况且供氨流量信号存有一定的滞后，并不能超前反映出锅炉燃烧工况、入口 NO_x 浓度、机组负荷的变化，调节并不及时。

（3）复合控制模式，该方案以控制出口 NO_x 浓度或脱硝效率为主要目标，同时也考虑了出口氨逃逸控制指标。例如，以 PID 控制器调节为基础的专家系统控制方式，PID 控制器主要确保将烟气出口 NO_x 浓度控制在要求的范围内，专家系统通过前馈作用一方面避免喷氨量过大，将氨逃逸控制在合理范围内；另一方面克服由于机组负荷大范围波动，PID 控制器出口 NO_x 浓度调节的不及时性。这种方法的缺点是整定困难，需要做大量的数据积累和经验分析。如果参数设置不当，专家系统达不到所期望的效果，甚至为系统带来新的干扰。

由于锅炉煤质、锅炉燃烧工况、机组负荷变化、脱硝系统物理性能、催化剂活性等多方面的影响，SCR 烟气脱硝系统的动态特性日趋复杂。工程应用中，SCR 烟气脱硝系统喷氨控制主要面临的问题如下：

（1）SCR 烟气脱硝系统复杂，不易建立较为精确的数学模型。

（2）随着锅炉容量的增大，SCR 烟气脱硝系统大滞后、大惯性的特点愈加明显。

（3）强烈的内、外部干扰进一步加剧了 SCR 烟气脱硝系统的不确定性，如系统喷氨量的变化为内扰，锅炉燃烧工况变化引起的 SCR 烟气脱硝系统入口 NO_x 浓度的变化是外扰。

为解决上述问题，确保 SCR 烟气脱硝系统喷氨控制的准确性和及时性，增强系统的抗干扰能力，采用鲁棒 PID 控制器克服系统不确定性影响，设计鲁棒时滞滤波器达到抑制 SCR 烟气脱硝系统强扰动的目的。

二、SCR 烟气脱硝系统鲁棒抗扰动控制

（一）鲁棒时滞控制系统

SCR 烟气脱硝系统鲁棒时滞滤波控制系统如图 5-4 所示。

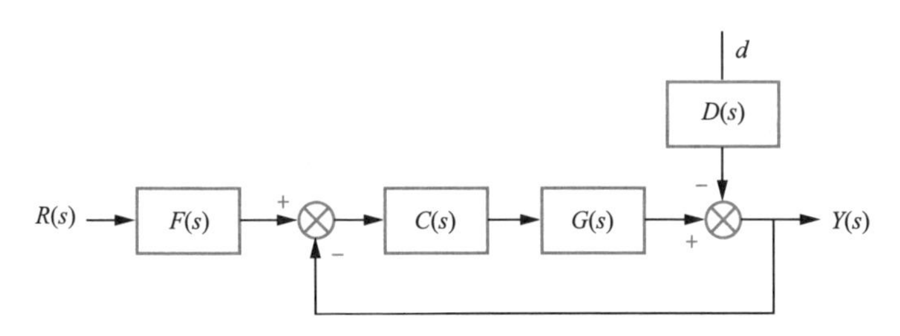

图 5-4　SCR 烟气脱硝系统鲁棒时滞滤波控制系统

$F(s)$—时滞滤波器；$C(s)$—鲁棒 PID 控制器；$G(s)$—被控对象；$D(s)$—扰动通道传递函数

（二）鲁棒 PID 控制器设计

工程应用中，对于那些不确定因素大或稳定性裕度小的对象采用鲁棒控制理论设计控制器是一种行之有效的方法，它可以使系统克服内、外部扰动的能力增强，降低对象不确定性对系统的影响。鲁棒 PID 控制就是试图设计一个固定的 PID 控制器，使不确定性很强的对象能够满足控制品质的要求。基于混合灵敏度函数设计鲁棒 PID 控制器是比较简便的方法，鲁棒 PID 控制器的设计

如下:

PID 控制器如式（5-10）所示，即

$$C(s)=K_{\mathrm{p}}+\frac{K_{\mathrm{i}}}{s}+\frac{K_{\mathrm{d}}s}{T_{\mathrm{d}}s+1} \tag{5-10}$$

基于混合灵敏度进行鲁棒控制器设计的根本问题实际上是加权函数的选择问题。对于标准的 H_{∞} 控制问题控制器需要满足

$$\left\| \begin{matrix} W_1(s)S(s) \\ W_2(s)C(s)S(s) \\ W_3(s)T(s) \end{matrix} \right\|_{\infty} <1 \tag{5-11}$$

$$S(s)=E(s)R^{-1}(s)=[I+C(s)G(s)]^{-1} \tag{5-12}$$

$$T(s)=1-S(s) \tag{5-13}$$

式中　$W_1(s)$、$W_2(s)$、$W_3(s)$——加权函数；

$C(s)$——控制器模型；

$S(s)$——灵敏度函数；

$T(s)$——补灵敏度函数。

灵敏度和补灵敏度是鲁棒控制器设计中评价控制系统性能的主要指标。其中，灵敏度是评价系统设定值跟踪能力的指标，灵敏度越低，系统的定值跟踪能力越强，误差越小，控制系统性能也越好；补灵敏度是决定系统鲁棒稳定性的指标，可以通过调整加权函数 $W_3(s)$ 来抑制系统的不确定性，$W_3(s)$ 越大对系统不确定性的抑制越强。

倘若被控对象含有大滞后环节 $\mathrm{e}^{-\tau s}$，则加权函数可以选择为超前环节，即

$$W_i(s)=\frac{k_i(m_is+1)}{n_is+1},\ \ m_i>n_i\ ,\ i=1,2,3 \tag{5-14}$$

参数设计时灵敏度和补灵敏度加权函数的选择是一对矛盾，往往折中取值。

如果 $H(s)$ 是控制系统所期望的闭环动态特性，则依据 $H(s)$ 可以得到控制系统所期望的性能指标，如阶跃响应指标衰减率 $\phi(x)$、超调量 M_{p} 和上升时间 t_{r} 等。令 $T(s)=H(s)$，选择合适的性能指标作为目标函数，就可以对控制系统的各项参数进行优化调整。

SCR 烟气脱硝系统是受强干扰的系统，从动态特性也可以看出，SCR 烟气脱硝系统扰动通道的影响更大，因此抗扰性是 SCR 烟气脱硝系统设计的重中之重。在机组实际考核运行当中，一旦 SCR 烟气脱硝系统出口 NO_x 浓度受到强干扰发生波动，超标的时间不能过长，越短越好。因此，为了兼顾系统的过渡过程时间，还可以选取时间与绝对误差乘积积分指标 ITAE 作为系统的性能指标，采用遗传算法等求解，即

$$\mathrm{ITAE}=\int_0^{\infty} t|e(t)|\mathrm{d}t \tag{5-15}$$

其中，$e(t)$ 为闭环系统输出与设定值之间的误差。

（三）鲁棒时滞滤波器设计

时滞滤波器能够抑制系统振动模态的残留颤抖，使系统期望值与实际值的方差最小。而且时滞滤波器利用了时滞环节的记忆特性，不仅利用了系统当前的信息，而且利用了系统一个周期以前的信息以获得期望的动态性能。

普通时滞滤波器如式（5-16）所示，即

$$F(s)=K_{\mathrm{c}}+K_{\mathrm{L}}\mathrm{e}^{-Ls} \tag{5-16}$$

式中 K_{c}——比例增益；

K_{L}——时滞增益；

L——时滞时间。

$$K_{\mathrm{c}}+K_{\mathrm{L}}=1 \tag{5-17}$$

$$L=\frac{n\pi}{\omega}\tau,\quad n=1,2,3,\cdots$$

式中 ω——系统的自然振荡频率；

τ——控制对象的滞后时间。

为了增强时滞滤波器的鲁棒性，也可以将基本时滞滤波器级联使用，即

$$F(s)=(K_{\mathrm{c}}+K_{\mathrm{L}}\mathrm{e}^{-Ls})^n \tag{5-18}$$

$n\geqslant 1$ 称为时滞滤波器的鲁棒性阶次，n 阶鲁棒性表明滤波器具有 n 重零点。

当控制对象可以获得精确的数学模型时，基本时滞滤波器就可以达到抑制对象振动模态的目的，达到零振动。当控制对象存在建模误差时，系统残留的

颤抖依然存在，可以通过设计鲁棒时滞滤波器，来提高滤波器对对象参数变化的鲁棒性和不灵敏性，以达到抑制对象残留颤抖的目的。

式（5-19）所示的一阶惯性加纯滞后环节，其鲁棒时滞控制器见式（5-20）

$$G(s)=\frac{K}{Ts+1}\mathrm{e}^{-\tau s} \tag{5-19}$$

$$F(s)=\frac{K_{\mathrm{c}}(s+K_{\mathrm{f}}\mathrm{e}^{-ds})}{s+\beta} \tag{5-20}$$

$$\beta=n\tau,\quad n=1,2,3,\cdots$$

其中，$s=-\beta$是根据系统动态性能要求选择配置的极点。

（四）参数整定

1．优化整定

式（5-20）所示鲁棒时滞滤波器中，令$d=\tau$，则

$$F(s)=\frac{K_{\mathrm{c}}(s+K_{\mathrm{f}}\mathrm{e}^{-\tau s})}{s+\beta} \tag{5-21}$$

$$K_{\mathrm{f}}=\frac{\beta}{K_{\mathrm{c}}} \tag{5-22}$$

在鲁棒 PID 控制器整定过程中，令$T(s)=H(s)F(s)$，选取式（5-15）所示的扰动绝对误差性能指标作为系统的抗干扰指标，至此，将控制系统的整定问题转化成了m_i、K_{p}、k_{i}、K_{c}的参数优化问题了。

2．经验公式整定

整定好鲁棒控制器的参数后，鲁棒时滞滤波器的参数可按如下经验公式整定，即

$$K_{\mathrm{c}}=\frac{\beta}{K_{\mathrm{f}}} \tag{5-23}$$

$$K_{\mathrm{f}}=Kk_{\mathrm{i}} \tag{5-24}$$

$$d=\frac{n\pi}{\omega}K_{\mathrm{c}}\tau,\quad n=1,2,3,\cdots,\quad \omega=\frac{1}{T} \tag{5-25}$$

三、实例仿真

采用图 5-4 所示的控制系统对某电厂 600MW 机组的 SCR 烟气脱硝系统模

型进行仿真实验，控制对象 $G(s)$ 和扰动传递函数 $D(s)$，如式（5-8）、式（5-9）所示。

（一）设定值跟踪和抗扰动实验

实际仿真中采用 PI 控制器，选取绝对误差积分指标按照优化整定的方法整定系统参数，见表 5-1。

表 5-1　优化整定控制系统参数

控制器	参数
鲁棒 PID	$K_p=-0.88\ \ K_i=-2.64252$
时滞滤波器	$K_c=0.56\ \ K_L=0.44\ \ L=2.86$
鲁棒时滞滤波器	$K_c=-0.358\ K_f=1.397\ \ \beta=0.5$

四种控制方式下的仿真结果，如图 5-5 所示。

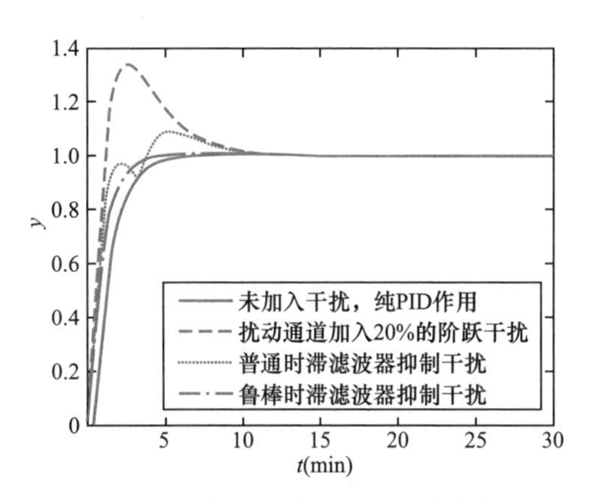

图 5-5　四种控制方式下的仿真结果

图 5-5 所示四种情形下的阶跃响应曲线，分别是：①未加入扰动项 $[D(s)=0]$ 纯 PID 作用下；②扰动通道加入 20% 的阶跃信号；③设计普通时滞滤波器抑制干扰；④鲁棒时滞滤波器抑制干扰。由此可知，鲁棒 PID 控制器具有很好的设定值跟踪性能，在没有振荡的情况下可以迅速稳定到设定值。加入干扰信号之后，上升时间缩短，系统振荡加剧，超调量超过 20%，调节时间增长。设计普通时滞滤波器抑制干扰后，系统仍有一定的波动，但超调量减小，小于 5%，调节时间没有明显改善。设计鲁棒时滞滤波器后，系统性能得到了明显

改善，可以在无振荡的情况下迅速稳定至设定值，而且上升时间、调节时间明显减小。

（二）鲁棒性测试

SCR 烟气脱硝系统若要应用于实际的工程实践中，不仅需要有优良的设定值跟踪能力和抑制干扰能力，还需要有很强的鲁棒性能。采用蒙特卡洛方法检验控制系统的鲁棒性能。

蒙特卡洛方法是通过构造一个和系统性能相近似的概率模型，并在计算机仿真系统中进行随机试验，达到模拟系统的随机特性的目的。首先，使控制对象 $G(s)$ 的各项参数相对于标称值发生 ±20% 的随机摄动，即式（5-8）中的各项参数：比例系数 K、时间常数 T、纯滞后时间 τ 在标称参数的基础上产生 ±20% 范围内的随机摄动，得到 20 组随机模型，其中包含参数摄动 ±20% 的情况。20 组随机模型阶跃扰动下的仿真结果如图 5-6 所示。由图 5-6 可知，当控制对象参数发生变化时，SCR 烟气脱硝系统鲁棒时滞滤波控制具有较好的鲁棒性。

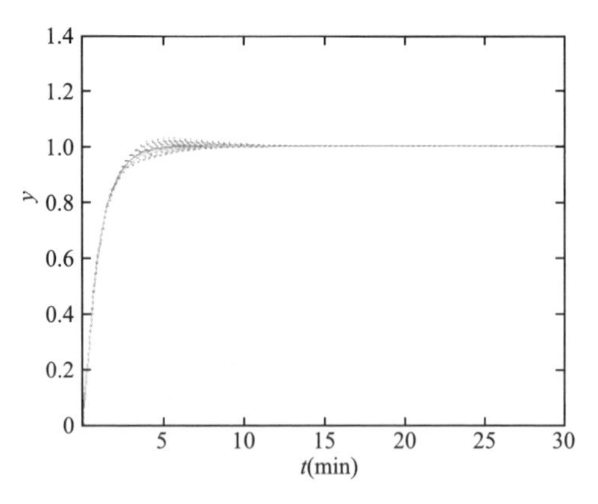

图 5-6　对象参数摄动阶跃响应曲线

其次，使扰动对象传递函数 $D(s)$ 的各项参数相对于标称值发生 ±20% 的随机摄动，即式（5-9）中的各项参数：比例系数、时间常数在标称参数的基础上产生 ±20% 范围内的随机摄动，得到 20 组随机模型，其中包含参数摄动 ±20% 的情况。20 组随机模型阶跃扰动下的仿真结果如图 5-7 所示。由图 5-7 可知，当扰动对象传递函数发生变化时，SCR 烟气脱硝系统鲁棒时滞滤波控制

同样具有较好的鲁棒性。蒙特卡洛实验的性能指标见表 5-2。

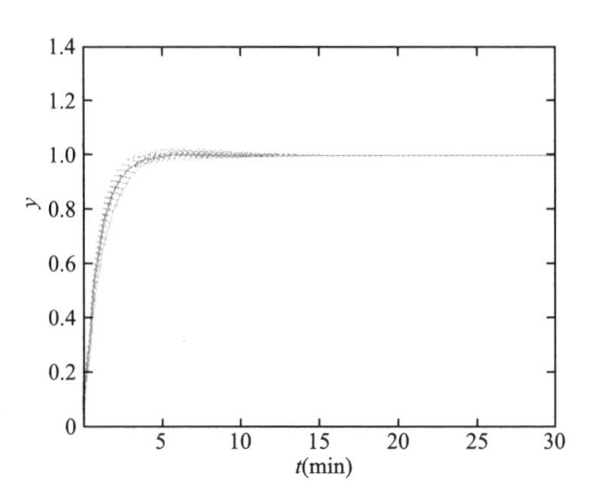

图 5-7　扰动对象参数摄动阶跃响应曲线

由表 5-2 可知，当对象 $G(s)$ 参数摄动或扰动传递函数 $D(s)$ 参数摄动时，控制系统都有较好的鲁棒性。

表 5-2　参数摄动蒙特卡洛实验指标

变化对象	最大超调量（%）	调节时间（min）	振荡次数
$G(s)$	2.42	6 ～ 12.4	0
$D(s)$	2.31	6 ～ 15	0

四、结论

针对 SCR 烟气脱硝系统的大惯性、大迟延、强扰动、不确定性等特点，提出了一种鲁棒抗扰动控制方法。在鲁棒 PID 控制器闭环控制的基础上，引入鲁棒时滞滤波器不但改善了系统的动态性能，而且使系统具有突出的抗干扰能力。仿真实验证明了 SCR 烟气脱硝系统鲁棒时滞滤波控制的有效性，该方法结构简单、整定方便、抗干扰能力强、鲁棒性好，便于在 DCS 中组态实现，具有一定的工程实用价值。

第二节　SCR 烟气脱硝系统扰动补偿控制

SCR 烟气脱硝系统机理复杂，针对工况变化时呈现不确定性、强扰动等特点，提出了一种基于互信息和 PID 神经网络的 SCR 烟气脱硝系统扰动补偿控制方法。利用 PID 前向神经网络的学习性能逼近被控对象的逆构成扰动观测器对系统进行反馈补偿，以达到超前消除系统扰动的目的。选取观测扰动和系统扰动的互信息为目标函数，优化调整 PID 神经网络的权值。同时，设计鲁棒 PID 控制器克服系统不确定性的影响。

一、互信息

互信息用来度量两个对象之间的相互性，是数学模型分析的常用方法。互信息反映了两个变量间统计依赖程度，它表示已知两个变量其中一个，对另一个不确定度减少的程度。可以利用概率和熵的概念将变量 X 与 Y 互信息定义如下

$$I(X;Y)=\sum_{y\in Y}\sum_{x\in X}p(x,y)\lg\left[\frac{p(x,y)}{p(x)p(y)}\right] \tag{5-26}$$

式中　$p(x,y)$——X 和 Y 的联合概率分布函数；

$p(x)$、$p(y)$——X 和 Y 的边缘概率分布函数。

在连续随机变量的情形下，互信息的计算式为

$$I(X;Y)=\int_Y\int_X p(x,y)\lg\left[\frac{p(x,y)}{p(x)p(y)}\right]\mathrm{d}x\mathrm{d}y \tag{5-27}$$

同样，利用熵的概念可以将互信息等价地表示为

$$\begin{cases}I(X;Y)=H(X)-H(X/Y)\\I(X;Y)=H(Y)-H(Y/X)\\I(X;Y)=H(X)+H(Y)-H(X,Y)\\I(X;Y)=H(X,Y)-H(X/Y)-H(Y/X)\end{cases} \tag{5-28}$$

式中　$H(X)$ 和 $H(Y)$——边缘熵；

$H(X/Y)$ 和 $H(Y/X)$——条件熵；

$H(X,Y)$——X 和 Y 的联合熵。

通常情况下，由于 X 和 Y 的概率分布难以求得，可以采用核密度估计进行替代。因此，互信息的计算式为

$$I(X;Y)=\frac{1}{n}\sum_{i=1}^{n}\lg\left[\frac{f(x_i,y_i)}{f(x_i)f(y_i)}\right] \tag{5-29}$$

$$f(x)=\frac{1}{n(\sqrt{2h\pi})^{d}\sqrt{|\Sigma|}}\sum_{i=1}^{n}\exp(\frac{-\|x-x_i\|}{2h^2}) \quad (5\text{-}30)$$

$$h=(\frac{1}{2n+nd})^{1/(d+4)} \quad (5\text{-}31)$$

式中 n——样本个数；

h——核函数宽度；

d——变量 X 的维数（当 X 是一维时，Σ 是 X 的方差；当 X 是多维时，Σ 是协方差矩阵，$|\Sigma|$ 是矩阵的行列式）。

若 X 和 Y 的相关性越小，则互信息 $I(X;Y)$ 越小，若 X 和 Y 不相关，则互信息 $I(X;Y)=0$；反之，若 X 和 Y 的相关性越强，则互信息 $I(X;Y)$ 越大。互信息 $I(X;Y)$ 永远是一个大于零的数。

二、PID 神经网络

（一）结构与计算

三层结构的 PID 前向神经网络如图 5-8 所示，输入层包含两个神经元，输出层含有一个神经元，隐含层为 PID 神经网络的核心部分，分别包含有比例神经元、积分神经元和微分神经元。PID 神经网络就是通过隐含层三种神经元参数的优化调整使其非线性映射能力更强。当 PID 神经网络用于模型辨识时，其输入层的两个神经元分别接入被拟合对象的输入和输出。

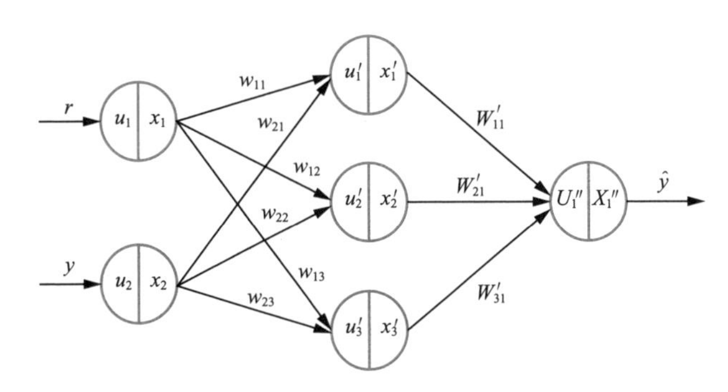

图 5-8 PID 神经网络

考虑如下 PID 控制器，即

$$u(k)=u(k-1)+K_{\mathrm{p}}[e(k)-e(k-1)]+K_{\mathrm{i}}e(k)+K_{\mathrm{d}}[e(k)+e(k-2)-2e(k-1)] \quad (5\text{-}32)$$

三层前向 PID 神经网络的计算式为

输入层为

$$x_i(k)=u_i(k) \tag{5-33}$$

隐含层神经元的输入为

$$u'_j(k)=\sum_{i=1}^{2}\omega_{ij}\cdot x_j(k) \quad j=1,2,3 \tag{5-34}$$

式中 ω_{ij}——输入层与隐含层之间的连接权值。

隐含层三个神经元的输入输出函数为

$$x'_1(k)=\begin{cases} q' & u'_1(k)\geqslant q \\ u'_1(k) & -q<u'_1(k)<q \\ -q' & u'_1(k)\leqslant -q \end{cases} \tag{5-35}$$

$$x'_2(k)=\begin{cases} 1 & u'_2(k)\geqslant 1 \\ x'_2(k-1)+u'_2(k) & -1<u'_2(k)<1 \\ -1 & u'_2(k)\leqslant -1 \end{cases} \tag{5-36}$$

$$x'_3(k)=\begin{cases} 1 & u'_3(k)\geqslant 1 \\ u'_3(k-1)+u'_3(k) & -1<u'_3(k)<1 \\ -1 & u'_3(k)\leqslant -1 \end{cases} \tag{5-37}$$

输出层

$$u''_1=\sum_{j=1}^{3}\omega_{j1}\cdot x'_j(k) \tag{5-38}$$

ω_{j1} 为隐含层与输出层的连接权值。输出层神经元的输入输出函数为

$$x''_1(k)=\begin{cases} 1 & u''_1(k)\geqslant 1 \\ u''_1(k) & -1<u''_1(k)<1 \\ -1 & u''_1(k)\leqslant -1 \end{cases} \tag{5-39}$$

（二）基于 PID 神经网络的模型辨识

许多文献已经证明利用前向神经网络可以以任意精度地逼近任何连续函数。当神经网络的结构确定时，依据被辨识对象的输入 / 输出观测数据，不断地优化调整网络权值，使神经网络的输出逐步逼近被辨识对象，即在一定条件下使神经网络的输出与被辨识对象的输出之差最小。图 5-9 所示为 PID 神经网络辨识系统。

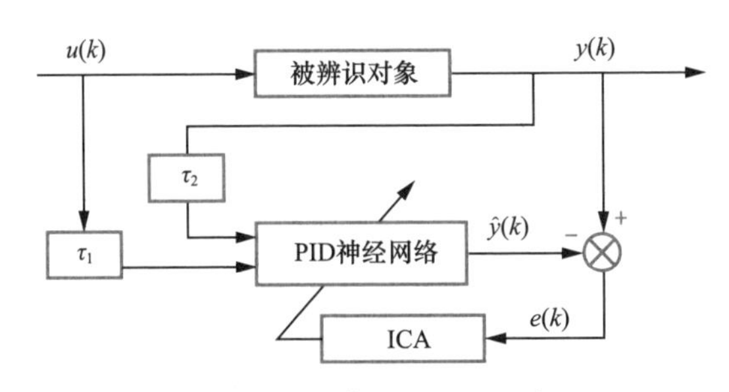

图 5-9 PID 神经网络辨识系统

τ_1 和 τ_2—延迟时间；$u(k)$—对象的输入；$y(k)$—对象的实际输出；
$\hat{y}(k)$—PID 神经网络的输出

在辨识过程中若忽略延迟时间的影响，则 PID 神经网络的输入信号为 $u(k)$ 和 $y(k)$，即为被辨识对象的输入和输出。

三、帝国竞争算法

帝国竞争算法（imperialist competitive algorithm，ICA）是 Atashpaz- Gargari 和 Lucas 受帝国主义殖民竞争的启发提出的一种新型的基于群体搜索的智能算法。帝国竞争算法基于帝国主义国家与殖民地之间的距离进行搜索，势力越大的帝国搜索开采的力度越强，获得殖民地的可能性越大。帝国竞争算法的基本流程如图 4-13 所示。

帝国竞争阶段是算法收敛的关键步骤，为了防止算法过早收敛，在帝国竞争阶段调整殖民地的分配方式，使当前较强的帝国获得新殖民地的概率减小，即在重新分配最弱帝国的最弱殖民地时，要同时考虑较强帝国的势力以及当前已经拥有殖民地的数量。

帝国的势力是该帝国殖民地国家的势力与殖民地平均势力的和，采用加权求和的方式，即

$$T_n = (1-\delta)\frac{\sum_{i=1}^{N_C} C_i}{N_C} + \delta\frac{\sum_{j=1}^{N_P} P_{nj}}{N_P} \tag{5-40}$$

式中 T_n——第 n 个帝国的势力；

P_{nj}——第 n 个帝国第 j 个殖民地的势力；

N_P——帝国殖民地个数；

C_i——帝国所属第 i 个殖民国家的势力；

N_C——殖民国家的个数；

δ——加权系数，取 0.1。

为了进行殖民地分配，建立帝国势力向量，即

$$T=\left[T_1,\ T_2,\ \cdots,\ T_{N_T}\right] \tag{5-41}$$

其中，N_T 为当前帝国的数量，再建立一个维数与帝国数量相同的由随机分布数 r_i（$i \leqslant N_T$）构成的向量，即

$$R=\left[r_1,\ r_2,\ \cdots,\ r_{N_T}\right] \tag{5-42}$$

其中，$r_i \in (0,\dfrac{N_{Pi}}{N})$，$N_{Pi}$ 是第 i 个帝国内拥有的殖民地数量，N 为初始化生成的国家个数。

定义概率向量 D，即

$$\begin{aligned}&D=T-R=\left[d_1,\ d_2,\ \cdots,\ d_{N_T}\right]\\&d_1=T_1-r_1\\&d_2=T_2-r_2\\&\cdots\\&d_{N_T}=T_{N_T}-r_{N_T}\end{aligned} \tag{5-43}$$

若 d_i 为 D 中的最大值，则第 i 个帝国将获得最弱帝国的殖民地。如此使非最强帝国也有可能获得殖民地，避免了算法过早收敛。

四、SCR 烟气脱硝系统扰动补偿控制

（一）SCR 烟气脱硝系统动态特性

火电厂 SCR 烟气脱硝系统基本控制原理方框图如图 5-10 所示。

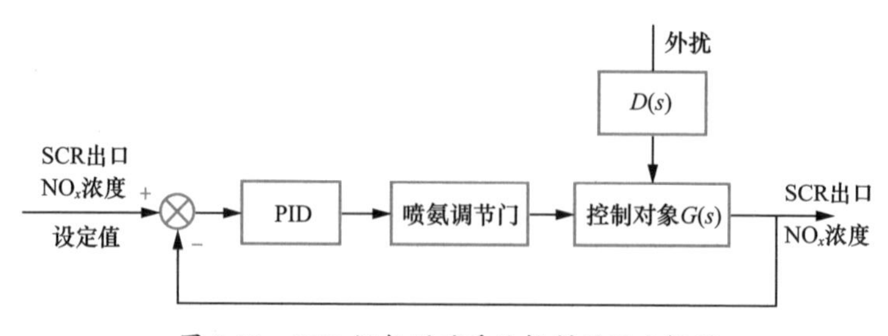

图 5-10　SCR 烟气脱硝系统控制原理方框图

依据某电厂 600MW 超临界机组 SCR 烟气脱硝系统的实时运行数据，辨识得到喷氨量数学模型。

控制通道：操作变量喷氨量与被调量出口 NO_x 浓度之间的传递函数如式（5-8）所示。

扰动通道：扰动变量入口 NO_x 浓度与被调量出口 NO_x 浓度之间的传递函数如式（5-9）所示。

被调量 SCR 烟气脱硝系统出口 NO_x 浓度不仅受操作变量的影响，而且受强扰动的影响，这与工程实际是相符的。当机组负荷不变时，喷氨量相对稳定，往往由于锅炉燃烧工况的变化引起 SCR 烟气脱硝系统入口 NO_x 浓度的波动，进而立即引起 SCR 烟气脱硝系统出口 NO_x 浓度，尤其脱硝效率的突变。如何克服扰动侧（如 SCR 烟气脱硝系统入口 NO_x 浓度波动）对系统的影响，将是 SCR 烟气脱硝系统喷氨控制系统需重点解决的问题。

（二）SCR 烟气脱硝系统脱硝扰动补偿控制

基于扰动补偿的 SCR 烟气脱硝系统脱硝控制方案如图 5-11 所示。其中，虚线框中的部分是扰动补偿观测器。

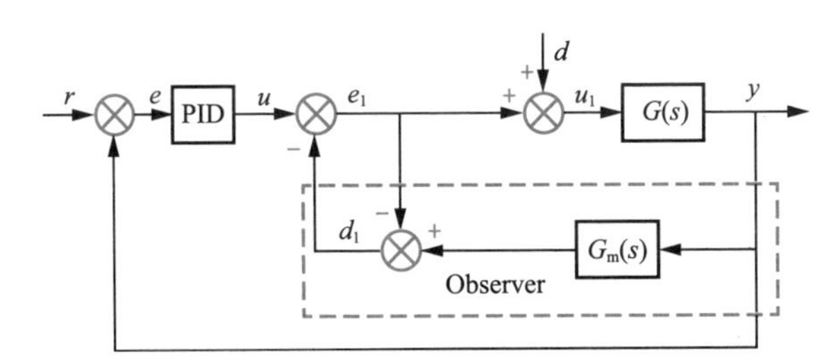

图 5-11　SCR 烟气脱硝系统脱硝控制方案

$G(s)$—被控对象；$G_m(s)$—对象辨识模型；d_1—观测补偿得到的扰动；u—控制器输出；u_1—干扰后的控制器输出

$$d_1 = (e_1 + d)G(s)G_m(s) - e_1 \tag{5-44}$$

$$d_1 = e_1G(s)G_m(s) + dG(s)G_m(s) - e_1 \tag{5-45}$$

如果 $G_m(s) = G^{-1}(s)$，即，模型 $G_m(s)$ 为被控对象的逆，则 $d_1 = d$。

由图 5-11 可得

$$e_1 = u - d_1 \tag{5-46}$$

$$u_1 = e_1 + d \tag{5-47}$$

若$d_1 = d$，由式（5-46）、式（5-47）得，$u_1 = u$。

此时，干扰d被抵消掉了，控制器的输出作用不受干扰的影响直接作用于被控对象。

实际应用中，尽管对象的逆$G^{-1}(s)$是很难求得的，但总可以通过调整辨识模型$G_{\mathrm{m}}(s)$的输出，最终使$d_1 = d$。

采用PID神经网络建模，使$G_{\mathrm{m}}(s)$逼近$G^{-1}(s)$。对于式（5-48）所示的一阶惯性加滞后对象，可再采用式（5-49）的Pade近似对大滞后环节$\mathrm{e}^{-\tau}$进行近似处理，即

$$G(s) = \frac{K}{Ts+1}\mathrm{e}^{-\tau s} \tag{5-48}$$

$$\mathrm{e}^{-\tau s} = \frac{1-0.5\tau s}{1+0.5\tau s} \tag{5-49}$$

利用互信息在线进行PID神经网络权值的调整和优化，目标函数选取扰动量d和观测扰动d_1互信息的最大值，即

$$E = \max[I(d, d_{1i})], \quad i = 1,2,3,\cdots,m \tag{5-50}$$

对于图5-11所示控制系统，应该在未加入扰动补偿观测器的情形下（即去掉扰动补偿反馈回路），首先整定鲁棒PID控制器。待鲁棒PID控制器参数确定后，可依据互信息进行PID神经网络权值的优化和调整。

（三）鲁棒PID控制器设计

可参照本章第一节内容完成基于混合灵敏度函数的鲁棒PID控制器设计，采用帝国竞争优化算法求取PID控制器参数。

五、实例仿真

采用图5-11所示控制系统对某电厂600MW机组的SCR烟气脱硝系统模型进行仿真实验，控制对象$G(s)$和扰动传递函数$D(s)$如式（5-8）、式（5-9）所示。

（一）设定值跟踪和抗扰动实验

实际中采用PI控制器，整定得到鲁棒PID控制器参数为$K_{\mathrm{c}} = -1.006$，

$K_i = -0.00793$。系统未加入扰动，即 $D(s) = 0$ 时，观测扰动 $d_1 = 0$，由图 5-12 可知，鲁棒 PID 控制器的控制效果明显优于普通 PID 控制器，调节速度更快。

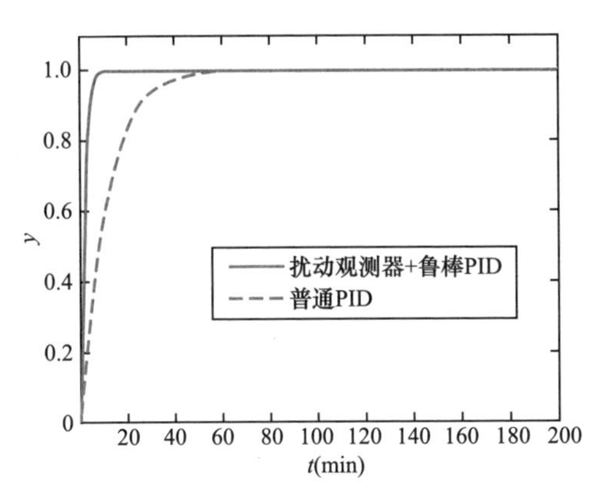

图 5-12　未加入扰动时仿真结果

在仿真时间 50min 时加入扰动 $D(s)$，仿真结果如图 5-13 所示，三种控制方式分别为鲁棒 PID 控制器 + 扰动观测器控制、普通 PID 控制器 + 扰动观测器控制及普通 PID 控制器控制。由此可知，鲁棒 PID 控制器加扰动观测器控制效果最优，系统超调量最小，调节速度最快。

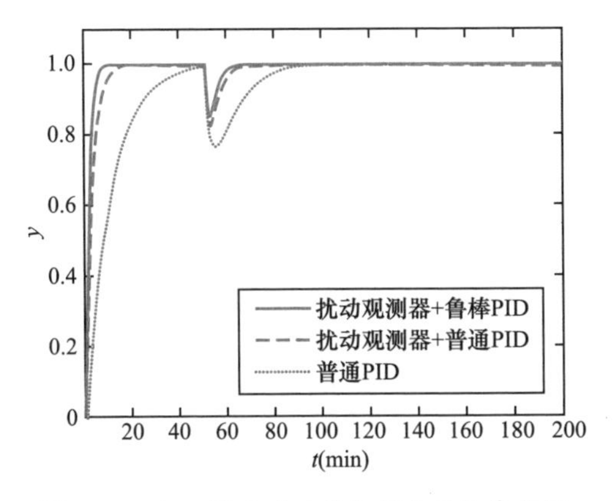

图 5-13　加入扰动时三种控制方式仿真结果

（二）鲁棒性测试

SCR 烟气脱硝系统若要应用于实际的工程实践中，不仅需要有优良的设定值跟踪能力和抑制干扰能力，还需要有很强的鲁棒性能。采用蒙特卡洛方法检验扰动观测器 + 鲁棒 PID 控制器控制方法的鲁棒性能。

蒙特卡洛方法是通过构造一个和系统性能相近似的概率模型，并在计算机仿真系统中进行随机试验，达到模拟系统的随机特性的目的。首先，使控制对象 $G(s)$ 的各项参数相对于标称值发生 ±20% 的随机摄动，即式（5-8）中的各项参数：比例系数 K、时间常数 T、纯滞后时间 τ 在标称参数的基础上产生 ±20% 范围内的随机摄动，得到 20 组随机模型，其中包含参数摄动 ±20% 的情况。20 组随机模型阶跃扰动下的仿真结果如图 5-14 所示。由图 5-14 可知，当控制对象参数发生变化时，扰动观测器 + 鲁棒 PID 控制器控制方法具有较好的鲁棒性。

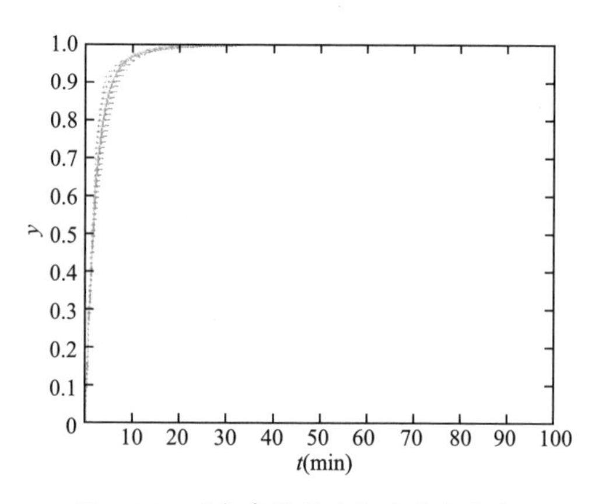

图 5-14 对象参数摄动阶跃响应曲线

其次，使扰动对象传递函数 $D(s)$ 的各项参数相对于标称值发生 ±20% 的随机摄动，即式（5-9）中的各项参数：比例系数、时间常数在标称参数的基础上产生 ±20% 范围内的随机摄动，得到 20 组随机模型，其中包含参数摄动 ±20% 的情况。20 组随机模型阶跃扰动下的仿真结果如图 5-15 所示。由图 5-15 可知，当扰动对象传递函数发生变化时，扰动观测器 + 鲁棒 PID 控制器控制方法同样具有较好的鲁棒性。

表 5-3 给出了蒙特卡洛实验性能指标，可知，当对象 $G(s)$ 参数摄动或扰动传递函数 $D(s)$ 参数摄动时，控制系统都有较好的鲁棒性。

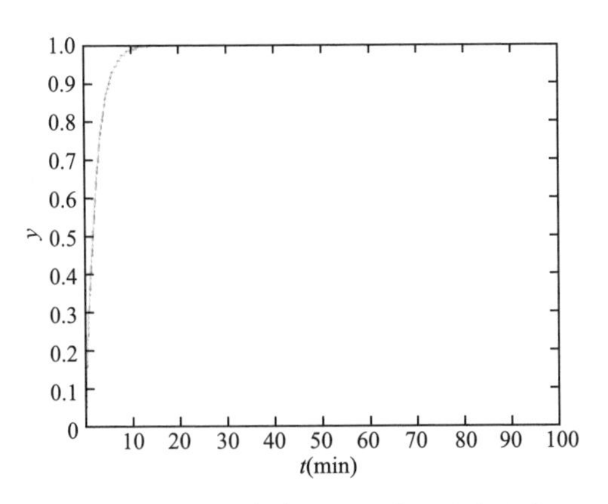

图 5-15　扰动对象参数摄动阶跃响应曲线

表 5-3　参数摄动蒙特卡罗实验性能指标

变化对象	最大超调量（%）	调节时间（min）	振荡次数
$G(s)$	0.8	10 ～ 30	0
$D(s)$	1.21	10 ～ 21	0

为了进一步说明系统的鲁棒性，在 20 组随机模型当中任意选一组，使控制对象 $G(s)$ 和扰动对象 $D(s)$ 的参数都发生变化，三种控制方式的对比结果如图 5-16 所示，可知扰动观测器 + 扰动 PID 的鲁棒性最好。

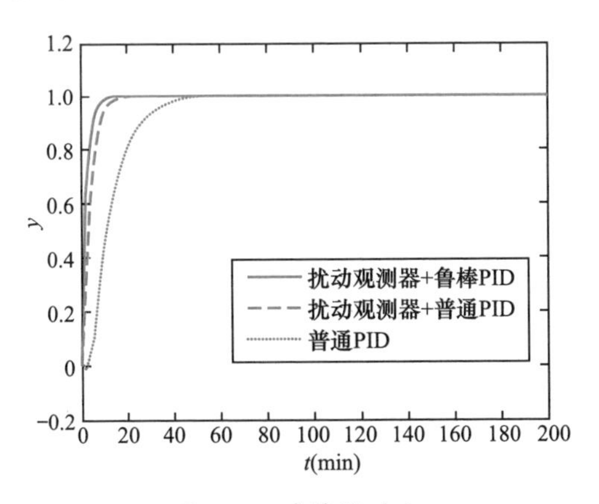

图 5-16　鲁棒性对比

六、结论

基于互信息和 PID 神经网络构成的扰动补偿观测器可以超前抵消系统扰动，鲁棒 PID 控制器可以抑制系统的不确定性。仿真结果表明，扰动补偿观测

器 + 鲁棒 PID 控制器控制方法抗干扰能力强、鲁棒性好，控制品质优于普通 PID 控制器控制和扰动补偿观测器 + 普通 PID 控制器控制方法。

第三节　SCR 烟气脱硝系统线性自抗扰鲁棒 PID 控制

自抗扰控制（active disturbance rejection control，ADRC）是结合 PID 技术、跟踪微分器、扩张状态观测器等提出的一种新型控制方法。其最大的特点就是只需要知道对象的相对阶和高频增益，无须知道被控对象精确的数学模型。自抗扰控制的工作原理是将被控对象的内扰和外扰视作“总扰动”，设计扩张状态观测器（extended state observe，ESO）进行估计和补偿，然后利用状态反馈控制律进行控制。抗扰性是自抗扰控制的基本特点，更是不变性原理在自抗扰控制中的具体表现。

目前，在工业控制中占统治地位的仍然是 PID 控制。为了推广自抗扰控制在实际工程中的应用，很多学者对自抗扰控制和 PID 控制之间的关系进行了比较深入的探讨，其中有两种观点最具代表性。①二阶线性自抗扰控制（LADRC）可以直接近似为 PID 控制，可由二阶线性自抗扰控制直接导出 PID 控制器参数。控制结构改变后，由二阶线性自抗扰控制（LADRC）得出的 PID 控制器能否充分发挥 ADRC 的潜在优势，这是值得商榷的。②二阶线性自抗扰控制实际上是理想 PID+2 阶滤波器的结构。

火电机组的深度调峰加剧了 SCR 烟气脱硝系统的干扰，为此，提出了一种线性自抗扰鲁棒 PID 控制方法。采用实际 PID+2 阶滤波器的结构控制具有强干扰和不确定性的 SCR 烟气脱硝系统，利用混合灵敏度的方法整定实际 PID 控制器和二阶滤波器参数。实际 PID+2 阶滤波器的结构具有较好的抗扰性，更好地继承了LADRC 的特点，控制品质优于由 LADRC 直接近似为 PID 控制器的控制。

一、线性自抗扰控制（LADRC）

自抗扰控制将被控对象的所有不确定因素都看作未知扰动，设计扩张状态观测器 ESO 和反馈控制律进行估计、补偿和控制。非线性自抗扰控制结构非常复杂，需要整定的参数也较多，难以在工程应用中推广。

高志强教授突破了自抗扰控制在应用方面的诸多限制，不仅简化了 ADRC

的结构，提出了线性自抗扰控制（linear active disturbance rejection controller，LADRC），而且提出了 LADRC 的带宽整定方法，将 LADRC 参数的整定问题归结为控制器带宽 ω_c、观测器带宽 ω_0 以及控制增益 b_0 三个参数的优化选择问题。

线性自抗扰控制（LADRC）系统结构如图 5-17 所示。

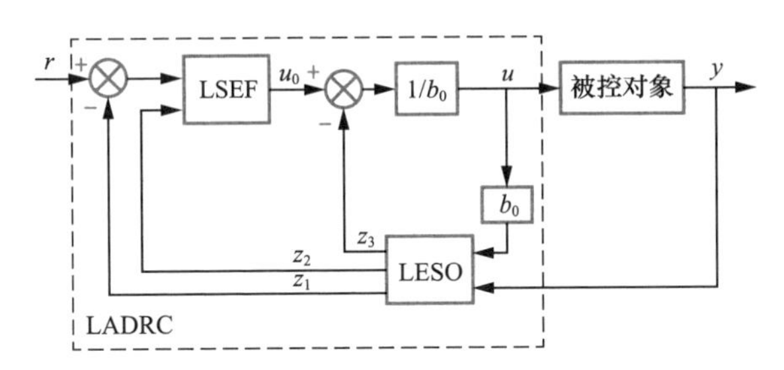

图 5-17 线性自抗扰系统结构

LESO(linear extended state observe)—线性扩张状态观测器；LSEF(linear state error feedback)—线性状态误差反馈；r—系统设定值；y—系统输出；u—控制器输出；b_0—控制增益 b 的估计；z_1、z_2、z_3—系统内外扰动的状态估计

对于线性定常系统的自抗扰控制，控制器带宽 ω_c 和观测器带宽 ω_0 的整定，等价于当对象参数不确定时，通过调整系统开环零、极点的位置，从而合理配置系统闭环极点，确保整个系统的稳定性和所期望的动态性能。一般地选取 $\omega_0 > \omega_c$，为了参数整定方便，减少待调参数的个数，也可以令 $\omega_c = \omega_0$，已经证明，当 $\omega_c = \omega_0$ 时，得到的 LADRC 控制器对于对象参数的变化同样不敏感，具有较好的鲁棒性。

为了进一步推广线性自抗扰控制的应用，有研究指出线性自抗扰控制 LADRC 能够近似为 PID 控制，二阶线性自抗扰控制器实际上是一个带积分作用的三阶严格正则控制器，其传递函数可表示为

$$C_L(s) = \frac{c_2 s^2 + c_1 s + c_0}{s(a_2 s^2 + a_1 s + a_0)} \tag{5-51}$$

式（5-52）为实际 PID 控制器，即

$$C_{PID}(s) = k_p \left[1 + \frac{1}{T_i s} + \frac{T_d s}{(T_d / N)s + 1} \right] \tag{5-52}$$

式中　K_p——PID 的比例系数；

T_i——积分时间；

T_d——微分时间；

T_d/N——微分滤波时间常数。

将式（5-51）的三阶控制器近似为式（5-52）的实际 PID 控制，由于式（5-52）分母是二阶的，可以将式（5-51）中的 a_2s^2 项去掉，得到

$$C_L(s)'=\frac{c_2s^2+c_1s+c_0}{s(a_1s+a_0)} \tag{5-53}$$

比较式（5-52）和式（5-53），可得

$$K_p=\frac{c_0}{a_0}T_i \tag{5-54}$$

$$T_i=\frac{c_1}{c_0}-\frac{a_1}{a_0} \tag{5-55}$$

$$T_d=\frac{c_2}{c_0T_i}-\frac{a_1}{a_0} \tag{5-56}$$

$$N=T_d\frac{a_0}{a_1} \tag{5-57}$$

至此，完成了二阶线性自抗扰控制 LADRC 到实际 PID 控制的近似，可以由基于带宽方法整定好的 LADRC 控制器参数直接得出其相应的 PID 控制器参数。但是这种整定方法也存在一些问题：①基于带宽的整定方法虽然物理意义明确，调试简单，但是其并不能充分发挥自抗扰控制 ADRC 潜在的优越性，尤其是非线性机制的潜在优势，控制效果值得商榷；②由 LACRC 直接近似为 PID 控制，尽管组态方便，但并没有充分发挥出自抗扰控制的特点；③控制器增益 b_0 较其他参数对控制系统性能的影响较大。

线性自抗扰控制（LADRC）不同于常规 PID 控制器直接对系统输出与设定值之间的偏差 e 进行运算（积分和微分），而是利用扩张状态观测器（ESO）对引起系统的输出变化的一切扰动进行估计和补偿，尤其避免了偏差 e 积分反馈的副作用，这是线性自抗扰控制 LADRC 优于 PID 控制的地方。另一种观点是，二阶线性自抗扰控制器实际上是由理想 PID+2 阶滤波器构成，如式（5-58）～式（5-60）所示，式（5-59）是理想 PID 控制器，式（5-60）是二阶滤波器。

$$C_{\mathrm{LADRC}}(s)=C^{*}{}_{\mathrm{PID}}(s)F(s) \tag{5-58}$$

$$C^{*}{}_{\mathrm{PID}}(s)=K_{\mathrm{p}}\left(1+\frac{1}{T_{\mathrm{i}}s}+\mathrm{T}_{\mathrm{d}}\,s\right) \tag{5-59}$$

$$F(s)=\frac{K_{\mathrm{f}}}{(T_1s+1)(T_2s+1)} \tag{5-60}$$

式中　T_1、T_2——二阶滤波器的时间常数。

二阶线性自抗扰控制器是由理想 PID+2 阶滤波器构成，那么选取合适的目标函数，直接整定实际 PID+2 阶滤波器，得到

$$C_{\mathrm{LADRC}}(s)=C_{\mathrm{PID}}(s)F(s) \tag{5-61}$$

二、SCR 烟气脱硝系统自抗扰鲁棒 PID 控制

超超临界机组燃煤锅炉 SCR 烟气脱硝系统如图 5-1 所示。SCR 烟气脱硝系统的控制目标有两个，一是确保出口烟气 NO_x 质量浓度在环保要求的标准范围内；二是应尽量控制氨气逃逸率。因此，在确保机组脱硝效率的前提下，需要设计精确的 SCR 烟气脱硝自动喷氨系统。然而，煤质、机组负荷、燃烧工况、入口 NO_x 质量浓度、反应温度、催化剂活性、烟气流场、喷氨格栅的布置、烟气反应及测量的滞后性等都会给 SCR 烟气脱硝系统造成干扰，因此 SCR 烟气脱硝系统呈现强干扰、不确定的特点。

SCR 烟气脱硝系统线性自抗扰鲁棒 PID 控制的结构如图 5-18 所示。二阶线性自抗扰控制器实际上是由理想 PID+2 阶滤波器构成。采用鲁棒控制器设计方法，选择合理的目标函数设计 $C(s)$、$F(s)$ 的参数，以突出控制系统的鲁棒性和抗扰性。

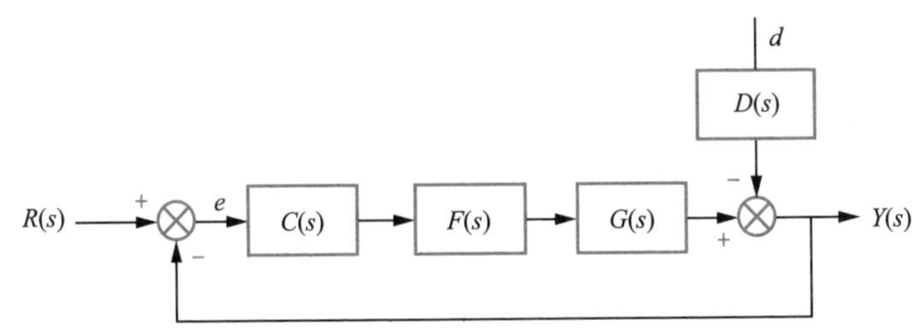

图 5-18　SCR 烟气脱硝系统线性自抗扰鲁棒 PID 控制的结构

$F(s)$—二阶滤波器；$C(s)$—实际 PID 控制器；$G(s)$—被控对象；$D(s)$—扰动通道传递函数

基于混合灵敏度进行鲁棒控制器设计，参见第五章第一节。

三、实例仿真

某火电厂 600MW 超临界燃煤发电机组 SCR 烟气脱硝系统数学模型如式（5-8）、式（5-9）所示。其中，控制通道，系统输入喷氨量（喷氨调门开度）与系统输出 SCR 烟气脱硝系统出口 NO_x 浓度（被调量）之间的传递函数 $G(s)$ 如式（5-8）所示；扰动通道，输入变量 SCR 烟气脱硝系统入口 NO_x 浓度与系统输出 SCR 烟气脱硝系统出口 NO_x 浓度（被调量）之间的传递函数 $D(s)$ 如式（5-9）所示。

采用图 5-18 所示的控制系统进行仿真实验，PID 控制器如式（5-52）所示，二阶滤波器如式（5-60）所示，控制对象 $G(s)$ 和扰动传递函数 $D(s)$ 如式（5-8）和式（5-9）所示。

（一）设定值跟踪和抗扰动实验

首先，忽略滤波器 $F(s)$，采用二阶 LADRC 控制器参数直接近似得到 PID 控制器参数。针对式（5-8）的被控对象 $G(s)$，采用文献 [64] 中的鲁棒性指标整定方法可以得到二阶 LADRC 控制器参数为 $\omega_c = 9.744$， $\omega_0 = 15.664$， $b_0 = -32.05$。

由二阶 LADRC 控制器参数可以得到二阶 LADRC 控制器传递函数为

$$C_L(s)' = -\frac{0.5115s^2 + 3.104s + 1.387}{s(2s+1)} \tag{5-62}$$

从而可以得到近似的 PID 控制器参数为 $K_p = -0.33$， $T_i = 0.2379$， $T_d = -0.45$， $N = -0.225$。

其次，采用 PID+2 阶滤波器的结构，利用鲁棒灵敏度函数的设计方法，整定得到实际 PID 控制器和二阶滤波器的参数为 $K_p = -1.452$， $T_i = 0.61$， $T_d = -0.826$， $N = -0.0413$， $K_f = 1.26$， $T_1 = 0.01$， $T_2 = 0.01$。

图 5-19 所示为以上两种方法设定值跟踪的仿真结果。两种方法都可以在无超调的情况下跟踪设定值，但是实际 PID+2 阶滤波器控制的响应速度更快，上升时间 t_r 和调节时间 t_s 更短。综合来看，实际 PID+2 阶滤波器的控制性能要优于由二阶 LADRC 直接近似得到 PID 控制器参数的控制。

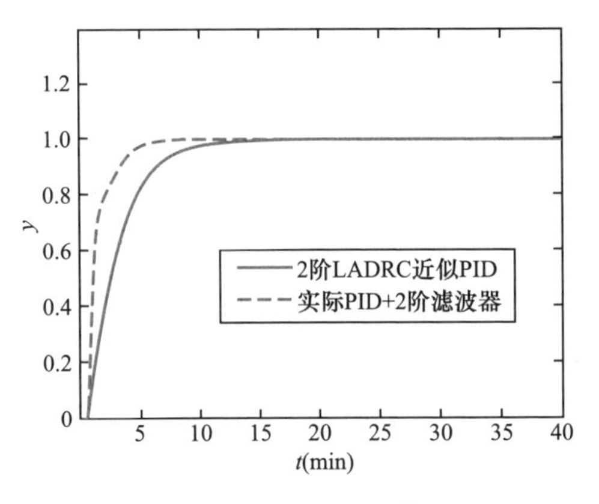

图 5-19　设定值跟踪仿真结果

图 5-20 所示为以上两种方法的扰动测试仿真结果，在 50min 时加入阶跃扰动 d，实际 PID+2 阶滤波器的扰动抑制效果更好，超调量更小，过渡过程时间也更短。

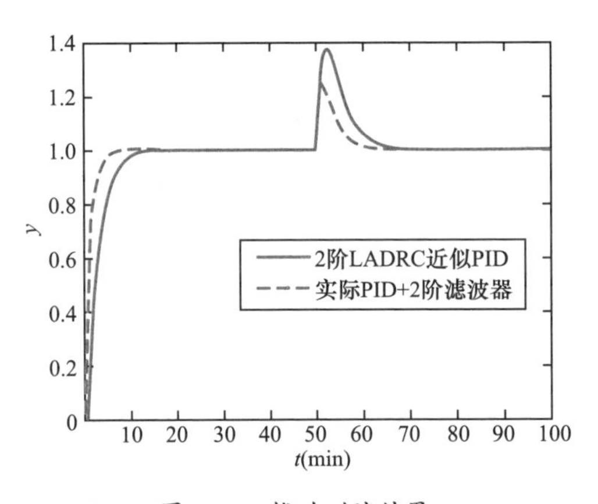

图 5-20　扰动测试结果

（二）鲁棒性测试

除了良好的设定值跟踪能力和突出的扰动抑制能力外，鲁棒性也是衡量控制系统性能的重要方面，在工程应用中尤为重要。当机组承担深度调峰的任务，负荷大范围波动，控制对象参数也发生较大范围的跃变时，控制系统是否能维持原来的性能，适应火电机组深度调峰的需要，这一点非常关键。

采用蒙特卡洛方法构造和系统参数相近似的概率模型，并在计算机仿真系统中进行随机试验，以达到模拟系统的随机特性、验证系统鲁棒性的目的。

使控制对象 $G(s)$ 和扰动传递函数 $D(s)$，即式（5-8）和式（5-9）的各项参数，包括比例系数、时间常数、纯滞后时间，同时相对于标称值在 ±20% 的范围内随机摄动，得到 30 组随机模型，其中包含参数摄动 ±20% 的情况。30 组随机模型阶跃扰动下的仿真结果如图 5-21 所示。由此可知，当控制对象 $G(s)$ 和扰动传递函数 $D(s)$ 参数发生变化时，SCR 烟气脱硝系统实际 PID+2 阶滤波器鲁棒控制具有较好的鲁棒性。

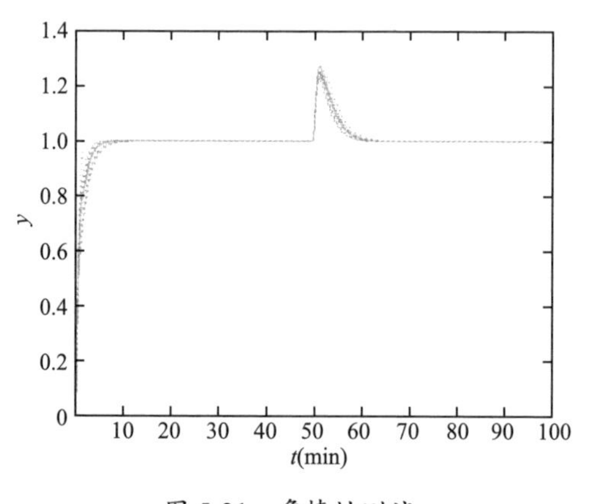

图 5-21　鲁棒性测试

四、结论

（1）实际 PID+2 阶滤波器的结构，更好地继承了自抗扰控制的抗扰性，其控制性能和抗扰性优于由二阶线性自抗扰控制（LADRC）直接近似导出的 PID 控制。

（2）针对 SCR 烟气脱硝系统的大惯性、大迟延，以及火电机组深度调峰带来的强干扰，以实际 PID+2 阶滤波器等价二阶线性自抗扰控制，采用灵敏度函数方法完成实际 PID 控制器和二阶滤波器的参数整定。该方法结构简单且易于在 DCS 中组态实现和整定、鲁棒性好、抗干扰能力强，能够适应火电机组负荷的大范围波动，具有更好的工程应用前景。

参考文献

[1] 北京绿色金融与可持续发展研究院 & 高瓴产业与创新研究院. 迈向 2060 碳中和——聚焦脱碳之路上的机遇和挑战 [R]. 北京：北京绿色金融与可持续发展研究院 & 高瓴产业与创新研究院，2021.

[2] 全球能源互联网发展合作组织. 中国 2030 年前碳达峰研究报告 [R]. 北京：全球能源互联网发展合作组织，2021.

[3] 赵春生，杨君君，王婧，等. 燃煤发电行业低碳发展路径研究 [J]. 发电技术，2021，42（05）：547-553.

[4] 郑徐光. 中国能源大数据报告（2020）：电力篇（2）[EB/OL]. (2020-06-12)[2021-05-06].

[5] 朱法华，王玉山，徐振，等. 中国电力行业碳达峰、碳中和的发展路径研究 [J]. 电力科技与环保，2021，37（03）：9-16.

[6] 解振华，保建坤，李政，等.《中国长期低碳发展战略与转型路径研究》综合报告 [J]. 中国人口资源与环境，2020，30（11）：1-25.

[7] 刘吉臻，李云鸷，宋子秋，等. 灵活智能燃煤发电技术及评价体系 [J]. 动力工程学报，2022，42（11）：993-1004+1012.

[8] 刘吉臻. 支撑新型电力系统建设的电力智能化发展路径 [J]. 能源科技，2022，20（04）：3-7.

[9] 刘吉臻，王庆华，房方，等. 数据驱动下的智能发电系统应用架构及关键技术 [J]. 中国电机工程学报，2019，39（12）：3578-3587.

[10] 刘吉臻，胡勇，曾德良，等. 智能发电厂的架构及特征 [J]. 中国电机工程学报，2017，37（22）：6463-6470+6758.

[11] 刘吉臻. 全球能源互联网是新能源时代全球能源配置的必然选择 [J]. 国家电网，2016（04）：90-92.

[12] 刘吉臻. 规模化新能源开发利用对电力系统安全的影响 [J]. 国家电网，2016（06）：34-36.

[13] 舒印彪，张丽英，张运洲，等. 我国电力碳达峰、碳中和路径研究 [J]. 中国工程科学，2021，23（06）：1-14.

[14] 刘吉臻. 智能发电：第四次工业革命的大趋势 [N]. 中国能源报，2016-07-25.

[15] 朱法华，许月阳，孙尊强，等. 中国燃煤电厂超低排放和节能改造的实践与启示 [J]. 中国电力，2021，54（04）：1-8.

[16] 华志刚，郭荣，汪勇. 燃煤智能发电的关键技术 [J]. 中国电力，2018，51（10）：8-16.

[17] 马增辉，朱润潮，董芳. 3 种大滞后控制方法的工程应用研究 [J]. 化工自动化及仪表，2019，46（10）：779-784.

[18] J. E. Normey-Rico, E. F.Camacho. Control of Dead-time processes[M]. London: Springer-Verlag, 2007.

[19] J. E. Marshall, S. V. Salehi. Improvement of system performance by the use of time-delay elements. Proc. Inst. Elect. Eng., 1982, 129(5): 177-181.

[20] Jih-Jenn Huang, Daniel B DeBra. Automatic Smith-Predictor Tuning Using Optimal Parameter Mismatch [J]. IEEE Transactions on Control Systems Technology, 2002, 10(3): 447-459.

[21] Kalyanmoy Deb, Amrit Pratap, Sameer Agarwal, T Meyarivan. A Fast and Elitist Multiobjective Genetic Algorithm: NSGA-Ⅱ [J]. IEEE Transactions on Evolutionary Computation, 2002, 6(2): 197.

[22] Ibrahim Kayam. IMC Based Automatic Tuning Method for PID Controllers in a Smith Predictor Configuration [J]. Computers and Chemical Engineering, 2004, 28: 281-290.

[23] C.C. Fang, K.J. Astrom, W.K. Ho. Refinements of the Ziegler-Nichols tuning formula. IEE Proceedings-D, 1991, 138(2): 111-118.

[24] 刘长良，马增辉. Smith 预估模型参数仿真分析及多目标优化 [J]. 系统仿真学报，2014，26（08）: 1706-1712.

[25] 刘长良，马增辉. 过热汽温系统的 Smith 预估器参数多目标优化控制 [J]. 模式识别与人工智能，2015，28（03）: 282-288.

[26] 范永胜，徐治皋，陈来久. 基于动态特性机理分析的锅炉过热汽温自适应模糊控制系统研究 [J]. 中国电机工程学报，1997，17（1）: 23-28.

[27] 开平安，刘建民，焦嵩鸣，等. 火电厂热工过程先进控制技术 [M]. 北京：中国电力出版社，2010：61-72.

[28] 刘建民. 火电厂热工过程优化控制策略及应用研究 [D]. 河北：华北电力大学，2009.

[29] 刘斌，王常虹. 间隙度量与跟踪系统中的鲁棒控制器设计 [J]. 控制与决策，2010，25（11）: 1713-1718.

[30] 刘长良，马增辉，开平安. 基于间隙度量和二次型优化的电站主汽温控制 [J]. 中国电机工程学报，2014，34（32）: 5771-5778.

[31] 何超凡，杨凌宇，李鑫，等. 基于间隙度量的高超声速飞行器包线定量划分 [J]. 北京航空航天大学学报，2014，40（09）: 1250-1255.

[32] 张华，沈胜强，郭慧彬. 多模型分形切换预测控制在主蒸汽温度调节中的应用 [J]. 电机与控制学报，2014，18（02）: 108-114.

[33] 马增辉，徐慧仪. 基于间隙度量的主汽温多模型 Smith 预估控制 [J]. 热能动力工程，2020，35（09）: 148-153.

[34] 韩璞，于浩，曹喜果，等. 基于经验整定公式的自适应 PID 控制算法研究 [J]. 计算机仿真，2015，32（03）: 438-441.

[35] 刘建民，韩璞，开平安，等. 基于动力学等价的一种通用控制器的设计 [J]. 控制理论与应用，2008，25（06）: 1155-1157.

[36] 刘长良，马增辉，王福宁. 一类热工不稳定滞后对象的补偿控制方法 [J]. 热力发电，

2015，44（02）：42-46.
[37] 钟庆昌．时滞控制及其应用研究 [D]．上海：上海交通大学，1999.
[38] 马增辉，董芳，徐慧仪．一类热工不稳定对象的抗重复扰动控制 [J]．热力发电，2019，48（05）：145-149.
[39] 马增辉，刘长良．一类非最小相位系统的 PID 控制器整定方法 [J]．信息与控制，2015，44（02）：147-151.
[40] 邱亮．基于阶跃辨识的 PID 自整定算法研究及其应用 [D]．上海交通大学，2013.
[41] 马增辉，梁枫，王连刚．热工非最小相位对象工程控制及整定方法 [J]．热力发电，2023，52（11）：173-179.
[42] 叶林奇，宗群，田栢苓，等．非最小相位系统跟踪控制综述 [J]．控制理论与应用，2017，34（02）：141-158.
[43] 苏善伟，朱波，向锦武，等．非线性非最小相位系统的控制研究综述 [J]．自动化学报，2015，41（01）：9-21.
[44] 陈金元，李相俊，谢巍．基于 H_ ∞混合灵敏度的微电网频率控制 [J]．电网技术，2014，38（09）：2399-2403.
[45] 刘帅，刘长良．基于帝国竞争算法的主汽温控制系统参数优化研究 [J]．系统仿真学报，2017，29（02）：368-373.
[46] 黄丰云，熊雄，周铮，等．遗传帝国竞争混合算法在装配序列规划中的研究与应用 [J]．机械设计与制造，2022（03）：266-271、275.
[47] 秦天牧，林道鸿，杨婷婷，等．SCR 烟气脱硝系统动态建模方法比较 [J]．中国电机工程学报，2017，37（10）：2913-2919.
[48] 王婷．模型预测控制在电厂选择性催化还原脱硝系统中的应用研究 [D]．浙江大学，2015.
[49] 金鑫，谭文，李志军，等．典型工业过程鲁棒 PID 控制器的整定 [J]．控制理论与应用，2005（06）：947-953.
[50] 马增辉，徐慧仪，朱润潮．SCR 烟气脱硝系统鲁棒抗干扰控制研究 [J]．控制工程，2020，27（01）：114-120.
[51] 刘吉臻，秦天牧，杨婷婷，等．基于自适应多尺度核偏最小二乘的 SCR 烟气脱硝系统建模 [J]．中国电机工程学报，2015，35（23）：6083-6088.
[52] 刘吉臻，秦天牧，杨婷婷，等．基于偏互信息的变量选择方法及其在火电厂 SCR 系统建模中的应用 [J]．中国电机工程学报，2016，36（09）：2438-2443.
[53] 董泽，闫来清．基于互信息和多尺度小波核偏最小二乘的 SCR 脱硝系统预测模型 [J]．动力工程学报，2019，39（01）：50-58.
[54] 黄茹楠，丁宁．基于改进 PID 神经网络算法的 AUV 垂直面控制 [J]．系统仿真学报，2020，32（02）:229-235.DOI:10.16182/j.issn1004731x.joss.17-9168.
[55] 马增辉，徐慧仪，朱润潮．基于互信息和 PID 神经网络的 SCR 脱硝扰动补偿控制 [J]．热能动力工程，2020，35（05）：281-288.
[56] 朴海国，王志新，张华强．基于合作粒子群算法的 PID 神经网络非线性控制系统 [J].

控制理论与应用，2009，26（12）：1317-1324.
[57] 李岩，王东风，焦嵩鸣，等．采用微分进化算法和径向基函数神经网络的热工过程模型辨识 [J]．中国电机工程学报，2010，30（08）：110-116.
[58] 李向阳，高志强．抗扰控制中的不变性原理 [J]．控制理论与应用，2020，37（02）：236-244.
[59] 崔文庆，王雨桐，谭文．用 PID 控制近似线性自抗扰控制 [J]．控制理论与应用，2020，37（08）：1781-1789.
[60] Huiyu JIN,Jingchao SONG,Weiyao LAN, Zhiqiang GAO.On the characteristics of ADRC: a PID interpretation[J].Science China (Information Sciences),2020,63(10): 258-260.
[61] GAO Z. Scaling and bandwidth- parameterization based controller tuning[J]. Proceedings of the American Control Conference. Denver, Colorado, IEEE, 2003: 4989-4996.
[62] 金辉宇，张瑞青，王雷，高志强．线性自抗扰控制参数整定鲁棒性的根轨迹分析 [J]．控制理论与应用，2018，35（11）：1648-1653.
[63] 李杰，齐晓慧，万慧，夏元清．自抗扰控制：研究成果总结与展望 [J]．控制理论与应用，2017，34（03）：281-295.
[64] Zhang Binwen,Tan Wen,Li Jian. Tuning of linear active disturbance rejection controller with robustness specification[J].ISA transactions,2019,85(2): 237-246.
[65] 周蓉，韩文杰，谭文．线性自抗扰控制的适用性及整定 [J]．控制理论与应用，2018，35（11）：1654-1662.
[66] 张洪敏，牛海明，马增辉．SCR 脱硝系统线性自抗扰鲁棒 PID 控制 [J]．热能动力工程，2022，37（10）：169-174、188.
[67] 赵刚．非线性压制与抗干扰受限控制方法研究及其在热工过程中的应用 [D]．东南大学，2022.